JN220458

[第4版]
情報科学概論

小松原 実 著

ムイスリ出版

第4版にあたって

　近年，IoT といったキーワードに象徴されるように生活の中にも情報通信技術を応用した製品が広く利用されるようになってきました。しかもそれらは従来のようなイメージのコンピュータではなく，小型で電気製品の一部として自立的に機能したりするものです。本書は，こうした時代に用いられている情報科学に関して興味を持ちながら基礎的な知識を理解しつつ，先端の分野で使われている技術のバックボーンや歴史を知ることができるよう主要な情報科学関連のテーマを取り上げて解説するべく配慮しました。誰でも使うようになってきたコンピュータやネットワークがどのようにして発達してきたのか，その中身はどのような原理で動いているのか，社会の中で，あるいは生活の中でどのように応用され役立っているのか，といったことを理解していただくことを目標としています。

　本書の執筆にあたっては，1 テーマが見開き 2 ページに収まるように配慮しつつ，読者の理解を助け興味を持っていただけるように，できるだけ多くの図を配しました。各章の内容とボリュームについては，バランスを取りながらもネットワーク関連の第 5 章に多くの比重を置いています。特に第 4 版では IoT，人工知能といった事項に関しても加筆を行っています。これからの情報化社会の中で，極めて大きな変化が今後も起こるであろうと予想される情報通信分野に関して，ぜひとも理解を深め，未来の情報社会をリードしていってほしいという気持ちを込めています。

　本書によって，皆さんの情報科学に対する興味・関心を少しでも引き出すことができれば幸いです。

2019 年 10 月　　　　　　　　　　　　　　　　　　　　　　　　著　者

本書に登場する製品名は，一般に各開発メーカの商標または登録商標です。
なお，本文中には™および®マークは明記しておりません。

目 次

第1章 計算機システムの発達と仕組み ······· 1

1.1 機械式計算機　2
1.2 バベッジの解析エンジン，ホレリスのPCS　4
1.3 電子計算機の始まり　6
1.4 電子管（真空管）と半導体　8
1.5 初期のコンピュータの部品　10
1.6 マイクロプロセッサの発達　12
1.7 パーソナルコンピュータの進化　14
1.8 コンピュータを構成する要素　16
1.9 CPU　18
1.10 処理能力の指標　20
1.11 CPUの高速化　22
1.12 半導体メモリ（RAM）　24
1.13 半導体メモリ（ROM）　26
1.14 2次記憶装置　28
1.15 磁気ディスク　30
1.16 インタフェース　32
1.17 USBなどのインタフェース規格　34
1.18 CRTディスプレイ　36
1.19 液晶ディスプレイ　38
1.20 ユーザインタフェース　40
1.21 プリンタ　42
演習問題　44

第2章　情報技術の応用 ・・・・・・・・・・・・・・・・・・・ 45

2.1　マイクロプロセッサの構造と命令処理　46
2.2　プロセッサの進歩と多様化　48
2.3　システムの信頼性　50
2.4　記録メディアの変遷　52
2.5　新しい記録メディア　54
2.6　VTR　56
2.7　電波の利用　58
2.8　携帯電話　60
2.9　スマートフォン　62
2.10　CDMA方式　64
2.11　人工衛星の利用　66
2.12　地上デジタル放送　68
2.13　自動車と情報技術　70
2.14　eコマース　72
2.15　医療と情報技術　74
2.16　バーチャルリアリティ　76
2.17　IoT　78
2.18　コンピュータウイルス　80
演習問題　82

第3章　データの形式と応用 ・・・・・・・・・・・・・・・・・ 83

3.1　標準化機構　84
3.2　基　数　86
3.3　補　数　88
3.4　文字コード　90
3.5　データ構造　92

3.6 マークアップ言語　94
3.7 情報量の理論　96
3.8 待ち行列　98
3.9 データ圧縮　100
3.10 誤り制御方式　102
3.11 暗　号　104
3.12 認証とデジタル署名　106
3.13 アナログとデジタル　108
3.14 音の記録と再生　110
3.15 画像の表示　112
3.16 画像データの符号化　114
3.17 データベースシステム　116
演習問題　118

第4章　ソフトウェア　119

4.1 ソフトウェアの種類と役割　120
4.2 プログラミング言語　122
4.3 データの型　124
4.4 プログラム構造　126
4.5 オブジェクト指向プログラミング　128
4.6 オブジェクト指向の特徴　130
4.7 CとC++言語　132
4.8 Java　134
4.9 テキスト処理言語　136
4.10 開発環境　138
4.11 オペレーティングシステムの役割　140
4.12 カーネルの働き　142
4.13 OS発達の歴史　144

4.14 スマートフォンのOS　146

4.15 アプリケーションソフトウェア　148

4.16 プロジェクト管理　150

4.17 システム開発の生産性　152

4.18 ニューラルネットワークと遺伝的アルゴリズム　154

4.19 人工知能　156

4.20 ディープラーニング　158

4.21 ソフトウェアの著作権　160

演習問題　162

第5章　ネットワーク　163

5.1 コンピュータネットワーク発達の歴史　164

5.2 OSI参照モデルとTCP/IP　166

5.3 TCP/IPの構成　168

5.4 IPアドレス　170

5.5 クライアント・サーバシステム　172

5.6 ポート番号とセキュリティ　174

5.7 モデムと変調　176

5.8 デジタル伝送　178

5.9 LANとWAN　180

5.10 LANのトポロジー　182

5.11 LANの接続とアクセス方式　184

5.12 パケット　186

5.13 伝送媒体　188

5.14 無線LAN　190

5.15 Bluetooth　192

5.16 通信回線サービス　194

5.17 DSLとFTTH　196

- 5.18 ドメイン名とDNS　198
- 5.19 WWWの技術　200
- 5.20 HTTPとHTML　202
- 5.21 Webサーバとサーバサイドプログラム　204
- 5.22 Webサービス　206
- 5.23 電子メール　208
- 5.24 ストリーミング　210
- 5.25 情報セキュリティ　212
- 5.26 ファイアウォール　214
- 5.27 ネットワークの発達と通信サービス　216
- 演習問題　218

索引　219

第1章

計算機システムの発達と仕組み

　人間の作業を手助けするものとして，古くからいろいろな計算機が考案され，利用されてきました。そして今日では次々に新しい技術がコンピュータに投入され，従来なかった機能が実現されています。
　本章では，特に計算機やその周辺技術の発達と仕組みについて述べています。

1.1 機械式計算機

計算を補助する道具としてもっとも古いものは，**アバカス**と呼ばれるものでしょう。日本ではそろばんがその流れをくんでいます。アバカスは紀元前にメソポタミア地方で使用されるようになった砂そろばんが起源です。砂をならした板の上に小石を並べて計算の補助具とするものでした。そろばんは日本へは約500年ほど前の室町時代の末に中国から入ってきたと考えられます。その頃のそろばんは，五玉が2個，一玉が5個ありました。ヨーロッパでは，まだ電子計算機が発明されていなかった時代には，歯車を組み合わせた機械式の計算機が考案され，利用されていました。

● パスカルの計算機

フランスの数学者ブレーズ・パスカルは，機械式の計算機を1642年に作っています。これは内部に歯車で構成されたカウンターを持ち，基本的に加算を行う機械であり，減算は補数を用いて行う方式でした。補数とは，元の数に加えると0になるような数で，補数による計算は現代のコンピュータにおける減算処理でも使われています。なお，乗算と除算はそれぞれ加算と減算を繰り返し行うことで実現していました。

図 アバカス(abacus)

出典：『Introducing Computers』John Wiley&Sons,Inc. より

図 パスカルの作成した計算機

出典：『Introducing Computers』John Wiley&Sons,Inc. より

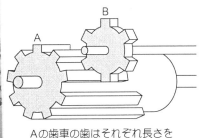

Aの歯車の歯はそれぞれ長さを変えてある。

図 ライプニッツの乗算機（上）と段付歯車（右）

出典：『History of Technology』Oxford より

● ライプニッツの乗算機

　パスカルと同時期に，ドイツではライプニッツが乗算を本質的に行う機械式の計算機を1600年代末に作成しています。ライプニッツの計算機では，乗算に関してはパスカルとは別の方法を考案し，乗算のために特別な機構（段付き歯車）が組み込まれ，効率的に乗除算を行うことができました。

● タイガー計算機

　日本では1923年に大本寅治郎により虎印計算機が開発され，その後タイガー計算機と名称を変え，1970年まで販売されました。1874年にオドナーがロシアで発明した計算機の仕組みをもとにしていると言われます。

1.2 バベッジの解析エンジン，ホレリスのPCS

電子計算機が登場する以前，バベッジは現代のコンピュータと共通する考え方で機械式計算機を考案していました。また，ホレリスはパンチカードを用いた集計システムをビジネス分野に普及させ，現在のIBMの基盤を築きました。

● バベッジの解析エンジン

1791年にイギリスに生まれたチャールズ・バベッジは，数学者で発明家としての才能を持っており，数学の分野での研究業績を認められて王立学士院会員にも選ばれていました。

バベッジが構想した解析エンジンは機械式ではあったのですが，その発想は今日のコンピュータの原理と共通する部分がありました。変数とメモリ，演算処理装置などで構成されるという設計は，現在でもコンピュータの基本的な構造として使われています。また，プログラムをパンチカードに記録することを考案していました。当時ジャカールの発明したジャカード織り機に使用されるパンチカードから思いついたアイディアでした。プログラムという考え方自体が，当時としてはまったく新しいものでした。しかしバベッジは，解析エンジンを完成させることはできなかったと言われています。当時の技術はバベッジのアイディアを実現するためには十分でなく，開発のための資金も不足したようです。

バベッジの死後，彼の計算機械に関する業績は半ば忘れ去られた形となっていましたが，1960年代以降，再評価されるようになりました。彼の協力者であったオーガスタ・エイダは，バベッジの研究を世に紹介し広めることに尽力した女性ですが，後年，「史上初の女性プログラマ」とも称され，アメリカ国防総省が開発したプログラミング言語Adaの命名の語源ともなりました。エイダは「ジャカールの織り機が花や葉を織るように，解析機関は代数的なパターンを織る」という言葉を残しています。

● ホレリスのパンチカードシステム

アメリカ，マサチューセッツ工科大学のハーマン・ホレリスは，1887年にパンチカードの穴の位置から，各種の情報を機械的に読み取るパンチカード計算機の特許を取得しました。このパンチカードシステム（PCS）はプログラムによる計算などはできないのですが，パンチカードの穴の位置によって集計を行える機能を持っており，膨大な量のデータに対して効率的に集計処理を行うことができました。

ホレリスの計算機はアメリカ政府の統計調査局に採用され，1890年のアメリカの国勢調査でその威力を発揮し，1896年にPCSを製造販売するためのタビュレーティングマシン社が設立されました。その後，ホレリスはタビュレーティングマシン社を売却し，会社の名前はコンピューティング・タビュレーティング・レコーディング社（CTR）となりました。CTRは1924年にインターナショナル・ビジネス・マシンズと社名を変更し，今日のIBM社の源となったのです。

図 バベッジの解析機関
出典：『Computers and Information Processing』
Prentice Hall, Inc. より

図 ホレリスのパンチカードシステム
出典：『計算機の歴史』共立出版より

1.3 電子計算機の始まり

1930年代後半頃から，電子あるいは電気機械式の計算機がいくつか作られています。たとえばアイオワ大学のジョン・アタナソフらの真空管を用いた計算機（ABCマシン，1939年）や，ハーバード大学のハワード・エイケンらのASCC MarkⅠと呼ばれる電気機械式（リレーを使用）でプログラム可能な計算機（1943年）などがあります。ABCマシンはアメリカの特許に関する裁判の中では，最初の電子計算機とされています。また，同じく1943年にイギリスではトミー・フラワーズらによるコロッサス（Colossus）と呼ばれる暗号解読用電子計算機が作られています。

コロッサスは暗号解読という特殊な目的のためだけに作られたもので，他の用途に使うことはできませんでしたが，真空管（電子管）と呼ばれる電子部品を1,800本あまり使用して演算処理を行うことができるものでした。汎用性がないことや軍の機密として公表されなかったこともあり，コロッサスが最初の電子計算機だとする意見は少数派となっています。

● スティビッツの計算機
ベル研究所のジョージ・R・スティビッツらは，電磁石の働きで動くリレーという装置を用いた計算機を1937年に作っています。この計算機は演算を行うことができましたが，電気機械式であり，電子計算機とは異なるものとされます。

● エイケンのマークⅠ
ハーバード大学のハワード・エイケンはIBMと共同で電気機械式の計算機，ASCC（別名マークⅠ）を1939年から製作し，1944年に完成しています。

● ENIAC
世界最初の電子計算機が何であるかを厳密に定義することは困難ですが，プログラム可能な電子計算機として1946年にアメリカペンシルバニア大学電気工学科（ムーアスクール）で開発されたENIAC（エニアック：Electronic Numerical Integrator And Computer）が最初の電子計算機の有力

候補の1つと言えるでしょう。ENIAC 開発の中心的役割を担ったのは、エッカート（J. Presper Eckert）とモークリー（John W. Mauchly）でした。当時、ムーアスクールはアメリカ陸軍の弾道研究所と共同で弾道計算機の開発を進めており、ENIAC は 1946 年 2 月に公開実験が行われています。重量は約 30 トンで真空管を 1 万 8 千本使用し、消費電力は約 25kW、計算速度は毎秒 5,000 回の加算あるいは 300 回の乗算が可能であったと言います。ENIAC では、計算の手順すなわちプログラムは多数の配線盤とスイッチの切り替えで設定するようになっていました。この方式は、プログラムの変更に大きな労力がかかるために、その後、プログラムをデータと同じように記憶装置に保存する「プログラム内蔵方式」が提案され、ムーアスクールでは ENIAC に続く電子計算機 EDVAC（1951 年）でこの方式を採用しました。

最初のプログラム内蔵方式のコンピュータは、イギリスのケンブリッジ大学のウィルクス（M. V. Wilkes）らのグループが 1949 年に初めて完成させ、この EDSAC が世界最初のプログラム内蔵方式コンピュータとなりました。

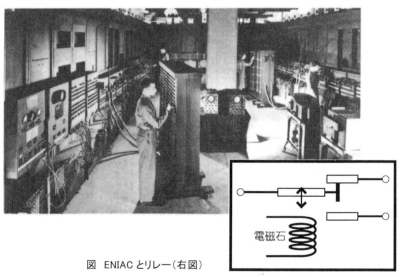

図　ENIAC とリレー（右図）

出典：『Information, Daten und Signale Geschichte technischer Information』Deutsches Museum 1987 より

1.4 電子管（真空管）と半導体

テレビやラジオなどの電子機器をはじめ，電子計算機にも信号を大きくする（増幅）働きを持った部品が必要不可欠です。半導体で作られたトランジスタが発明される以前の世界では，真空管の存在によって電子回路技術が発達し，電子計算機の発明にも結びつきました。その後はトランジスタや IC などの半導体製品が真空管に置き換わり，電子計算機の発達を支えたのです。

● 電子管

初期の電子計算機は，電子管（真空管）を用いて作られていました。真空管は，真空のガラス容器の中で熱せられたフィラメントから電子が放出される現象を利用して，電気信号の増幅を行うものです。真空管の歴史は，イギリスのフレミングが 1904 年に 2 極管を発明したことからはじまりました。3 極管は，電子が飛び出すカソードとプラス電極（プレート）との間に，電子が通過できるような電極（グリッド）を配置し，グリッドにかける電圧でプレートに流れる電流を制御するものです。グリッドに微小な電圧の入力信号を加えると，プレートに流れる電流が大きく変化するので，増幅された出力信号として取り出すことができます。電子管は，寿命があまり長くないという欠点がありました。また，発熱，消費電力が多く，装置の小型化，低消費電力化の点でも限界がありました。

● トランジスタ

トランジスタも電気信号を増幅する作用を持つ電子部品です。トランジスタは半導体に分類される物質（ゲルマニウムやシリコンに微量の不純物を加えた n 型および p 型半導体が使用される）で作られます。トランジスタの発明者はウィリアム・B・ショックレー，ウォルター・ブラッテン，ジョン・バーディーンの 3 人で，1947 年にベル研究所で実際に増幅回路を作動させるのに成功しています。電球ほどの大きさの真空管に対して，大豆程度の大きさで消費電力が小さく寿命が長いトランジスタの発明は，今日の電子化された情報社会を出現させるためになくてはならないものでした。

● IC

IC とは Integrated Circuit（集積回路）の頭文字を表しています。微細な半導体部品を多数組み合わせて動作可能な回路を作り，これをプラスチックやセラミックでパッケージしたものです。数十万個もの半導体部品が，わずか数 cm 角のチップに組み込まれている場合もあります。

IC の発明は，ジャック・キルビーとロバート・ノイスがそれぞれ別々に，ほぼ同時期に行っています。キルビーは，半導体メーカのテキサス・インスツルメンツ社で IC の開発を行いました。1958 年，キルビーの作った IC はテキサス・インスツルメンツ社の研究室で動作実験に成功しています。一方のノイスは，1959 年，ジャック・キルビーより半年ほど後に IC を実現しました。

図 信号の増幅

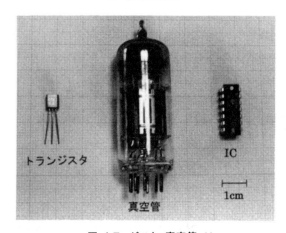

図 トランジスタ，真空管，IC

1.5 初期のコンピュータの部品

　初期のコンピュータはいずれも内部の演算を行う電子部品（論理素子）に電子管（真空管）を用いていました。記憶装置には，液体中を伝わる波動を水晶振動子を使って維持することで記憶を行う水銀遅延線や，ブラウン管に電子ビームをあてて放出される2次電子を蓄える静電型記憶装置などが使用されましたが，1953年には磁気を利用した磁心記憶（コアメモリ）装置が開発され，以後磁気ディスク装置を中心に長年にわたって磁気を用いた記憶装置がコンピュータの記憶装置として重要な役割を果たしてきました。コアメモリは，ジェイ・フォレスターによって考案されました。磁気コアメモリの反応速度は真空管に比べれば高速であり，半導体メモリが普及する1970年代までコンピュータの主記憶素子として使われました。

　コアメモリは縦横に規則正しく並んだ配線上に，非常に細かいフェライトコアのリングを配置したものです。フェライトコアの形状は，直径0.3～1.5mm程度のドーナツ状で，このコア1個につき，縦に1本，横に2本の電線が貫通しています。フェライトコアは電線に流れる電流の向きにより，磁化の方向が異なります。コアに右回りの磁束が生じているか，左回りの磁束が生じているかを数字の「0」と「1」に置き換えて，情報を記憶するのが**コアメモリ**です。情報を読み出す際にはコアに通した信号線を使用し，電磁誘導を利用して磁束の向きを調べます。

　フェライトコア自体の構造は単純であり，当時の真空管やトランジスタの故障率に比べれば信頼性が高かったこともあり，しばらくの間は記憶装置として使われました。1ビットのデータを記憶するために，フェライト磁石のリングが1個必要ですから，大きな容量の記憶装置を作ることは困難でした。ジェイ・フォレスターは，磁気コアメモリを軍の研究プロジェクトであったウォールウインド（Whirlwind）に使用しました。ウォールウインドは1953年に完成し，アメリカ軍の航空警戒制御システムSAGEに採用されました。研究に携わったMIT（マサチューセッツ工科大学）の教員や院生たちは，MITのあるボストン近郊を走る国道128号線沿いに多くの半導体やコンピュータ

関係の企業を作りました。そのため国道 128 号線（route 128）はハイテク企業の集中する地域として有名となりました。

　商用機としては 1956 年に発表された UNIVAC（ユニバック）の FILE Computer (U.F.C) で，コアメモリがプリンタバッファとして使われました。また，日本では 1972 年に日立の HITAC8800 の主記憶装置として使われました。HITAC8800 にはすでに IC が論理素子として使われていましたが，メモリにはまだコアメモリを使用していました。

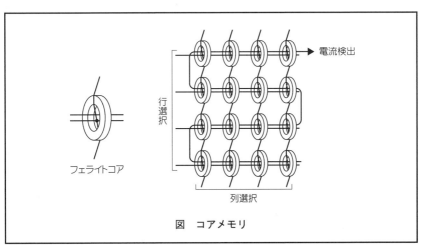

図　コアメモリ

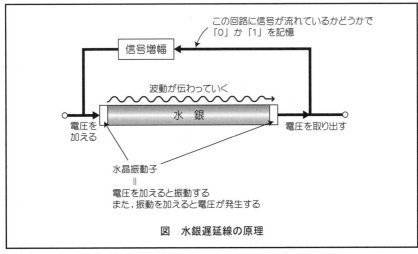

図　水銀遅延線の原理

1.6 マイクロプロセッサの発達

マイクロプロセッサとは，1 チップの IC の中にコンピュータとしての機能を組み込んだものを言います。世界最初の 1 チップマイクロプロセッサは，アメリカのインテル社によって開発された 4004 でした。4004 は一度に扱えるデータの大きさが 2 進数で 4 桁（4 ビット），すなわち最大で 15 でした。この 4004 の開発は，日本の事務機器メーカであったビジコン社が自社の卓上用電子計算機兼印刷機のための IC をアメリカのインテル社に発注したことにより行われたことは有名です。4004 は一度に扱えるデータサイズが 4 ビットと小さく，また処理速度も遅かったのですが，センサと結びつけた交通信号機や，効率的に運行するエレベータなどに利用され成功を収めました。当初，4004 の独占権はビジコン社にありました。しかし，4004 の汎用性に着目したインテルは，経営不振に陥ったビジコン社から，4004 開発費の支払いを減額するかわりに 4004 の独占権を譲り受ける契約を結び，4004 を電卓以外に一般向けにも販売することができるようになったのです。

1972 年には，インテルは 4004 を改良し，データ処理を 8 ビットにした 8008 を発表しました。これは 4 ビットから 8 ビットへと単にデータを一度に扱う量が 2 倍になったというだけでなく，特に英語圏においての文字の扱いが非常に効率的になったことを意味しています。

● データサイズと文字コード

2 進数 4 桁である 4 ビットのデータサイズであれば，0 から 15 までの 16 種類のデータを一度に扱えるので，アルファベットを扱う場合，2 個のデータで 1 文字を表します。

8 ビットのデータサイズの場合は，0 から 255 までの 256 種類のデータを扱えます。アルファベットを扱う場合，記号まで含めても 256 種類以内で充分に表せるために文字処理などの分野での利用が容易です。

インテルは，さらに 1974 年に処理速度などに大幅な改善を加えた 8080 を開発し，これがパーソナルコンピュータの誕生につながり，人気を呼びました。その他にも，いくつかのメーカからマイクロプロセッサが発売され競争が始まりました。インテルはその後，8 ビットの 8085，16 ビットの 8086，80286 と新たな CPU を次々に開発し，パーソナルコンピュータ用の CPU として大きなシェアを占める core シリーズの CPU へとつながっていきました。

● Z80

インテル社からスピンアウトした技術者たちは，ザイログ社を作り，8080 を改良した Z80 を発売しました。Z80 は 5V の単一電源のみで動作し，しかも 8080 用のプログラムがそのまま使用できることから，8 ビットマイクロプロセッサとして主流となり，以後，8 ビットの世界では終始トップを維持しました。

● MC6800

モトローラ社も 8080 と同時期の 1974 年に 6800 というマイクロプロセッサを開発しました。8080 が電卓から発展した構造を持っていたのに対して，6800 は比較的大型のコンピュータの構造をもとにして開発されました。しかし，Z80 に比べて動作クロックをあまり高くすることができず，処理速度を上げられませんでした。

● MC6809

モトローラ社は，MC6800 を大幅に改良し，8 ビットマイクロプロセッサとしては極めて豊富な機能を持つ MC6809 を 1979 年に開発しました。16 ビット単位でのデータの扱いをかなり容易にするなど，擬似的な 16 ビットマイクロプロセッサとしての性能を持っていました。機能面では Z80 にまさっていましたが，ソフトウェア面の蓄積が多く，クロックが高速である Z80 に市場シェアの面では勝つことができませんでした。

1.7 パーソナルコンピュータの進化

　MITS 社のアルテア 8800（Altair 8800）は，1974 年に発売された最初のパーソナルコンピュータですが，キーボードも文字を表示するディスプレイもありませんでした。しかし，一般の人々が手に入れることができるコンピュータとして画期的なものでした。1970 年代に開発された，コモドール社の PET，タンディ社の TRS-80，アップルコンピュータ社の Apple II，日本ではシャープの MZ-80 といったコンピュータがキーボードを備え，外部にディスプレイを接続することができる，あるいはディスプレイも装備しているパーソナルコンピュータの初期のものでした。1979 年には日本電気の PC-8001 が発売されました。これらはいずれも 8 ビットマイクロプロセッサが心臓部に使われていました。はじめはインテルの 8080 が使われましたが，ザイログが 8080 の改良型のマイクロプロセッサ Z80 を発売し，これが大きな人気を得て 8 ビットパーソナルコンピュータの CPU として広く用いられました。その後，16 ビット CPU の開発にともなって，パーソナルコンピュータも 16 ビットへと進化します。

　当時はパーソナルコンピュータは「マイコン」と呼ばれていましたが，現在では「マイコン」という言葉は，いろいろな機器に組み込んで使われる 1 チップ型コンピュータを指して使われます。

● 16 ビット CPU と IBM-PC

　大型の汎用計算機が主力商品であった IBM は，8 ビットのパーソナルコンピュータ市場には参入しませんでしたが，1981 年にはいち早く 16 ビットパーソナルコンピュータ IBM5150 を発表し，16 ビットのビジネス向け市場では先陣を切りました。IBM は，このパーソナルコンピュータの設計情報を公開したので，IBM のパーソナルコンピュータ（IBM PC）と同一のソフトウェアや周辺機器の利用が可能な互換機を作るメーカーがたくさん現れました。これらの互換機メーカーにより，IBM PC 互換機市場が急速に拡大し 16 ビットパーソナルコンピュータ市場が確固たるものになりまし

た。日本では，NECのPC9800シリーズが広く売れていたために，IBM PC互換機は当初は受け入れられてはいませんでした。日本においては漢字表示機能が必要でしたが，専用の漢字表示用回路を持つPC9800に対してIBM PC互換機には基本的にその機能がなかったのです。しかし漢字表示を専用回路なしで高速に表示できるようになると，安価で処理能力の高いIBM PC互換機が受け入れられるようになり，DOS/Vという名称で日本市場に浸透していきました。その後，コストパフォーマンスの高いIBM PC互換機が高いシェアを握り，2003年にNECのPC9800シリーズの生産は終了しました。

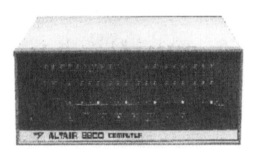

図　アルテア
提供：©Intel Corporation

図　Apple Ⅱ
提供：Apple

図　IBM PC/AT
提供：日本IBM

1.8 コンピュータを構成する要素

　コンピュータシステムを構築する場合，いろいろな機構を組み合わせて全体としての機能を実現します。コンピュータシステムはハードウェアで実現されている部分と，ソフトウェアによって実現されている部分から作られています。ハードウェアで実現される部分は一般に高速動作が可能ですが，柔軟な変更などはできにくくなります。一方，ソフトウェアで実現される部分はシステムの構成の変更などに対して柔軟に対処しやすいですが，その処理のためにシステムに負担をかけることになり，システム全体としての処理速度の低下につながることがあります。また，ハードウェアは高価な場合も多く，コスト面でのバランスを考慮したうえで，各種の機能をソフトウェアで実現させるか，ハードウェアで行うかを決める必要があります。

　コンピュータを構成するハードウェアの要素は大きく分けると，**入力装置，出力装置，制御装置，演算装置，記憶装置**の5つになります。また，制御装置と演算装置はパーソナルコンピュータなどの小型のコンピュータにおいては一体化され，**中央処理装置**（CPU）と呼ばれます。

● 入力装置

　人間の目や耳，その他の感覚器官に相当します。外部からの情報（命令やデータなど）を得るための装置です。入力装置には，キーボードやマウスをはじめとして非常に多くの種類があります。ノート型パーソナルコンピュータのような携帯型のコンピュータにも利用できるように，タッチパッドなどの位置入力装置がマウスの代わりに使われることもあります。

● 出力装置

　人間の口や表情，身振りなどに相当する機能を果たします。外界に対して各種の情報を発信するための装置です。出力装置には，CRTや液晶方式のディスプレイ装置，各種のプリンタ装置をはじめとして，やはり非常に多くの種類があります。なお，入力および出力の両方の機能を備えた装置もあります。フロッピーディスク装置，ハードディスク装置などの補助記憶装置がその例です。

● 制御装置

人間の脳の一部に相当する働きをします。記憶装置の中に書き込まれている処理すべき命令を取り出して何を行えばよいのかを解読し，実行の制御を行います。

現在のコンピュータではパイプライン処理などの高度な仕組みにより，この部分の高速化をはかっています。

● 演算装置

人間の脳の一部に相当します。計算や判断などの演算を受け持ちます。

● 記憶装置

人間の脳の一部に相当します。入力されたデータ，プログラム，演算結果などの記憶を行います。高速な読み書きが可能な半導体メモリが使用されます。

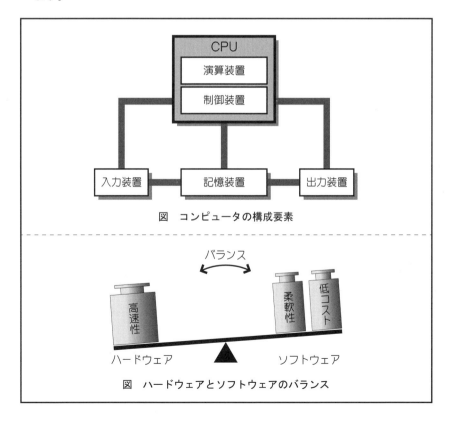

図　コンピュータの構成要素

図　ハードウェアとソフトウェアのバランス

1.9 CPU

CPU は Central Processing Unit を表しており，もともとはコンピュータの機能の中心的な部分に対しての名称です。パーソナルコンピュータなどの小型のコンピュータでは，主要な機能が 1 つの電子部品として高密度にまとめられ，1 チップの IC となって使われています。CPU は，演算装置と制御装置にあたる部分が一体化されています。基本的な構成は，次頁下の図のようになっています。

● **算術論理演算ユニット**
算術論理演算ユニット（Arithmetic and Logical Unit：ALU）は，算術演算（加減算，乗除算など）や論理演算（ある条件が満たされているかどうかを調べる）を行います。

● **レジスタ群**
演算や，データの移動などの処理を行う場合に，演算データやメモリの場所（メモリアドレス）を一時的に保持するために使われます。また，次に実行する命令が入っているメモリ内の場所を記憶するための特殊なレジスタである，プログラムカウンタといったものもあります。レジスタは CPU の外部に置かれるメインメモリと同様にデータを記憶しますが，はるかに高速に読み書きができます。

● **バスインタフェース**
メインメモリやその他の入力・出力装置などの，CPU 外部の装置との間でデータのやり取り，メインメモリからの命令の取り出しを行います。

● **制御部**
実行する命令に対応した制御信号を作り出し，CPU 全体の動きを制御します。また，外部から入ってきた信号（割り込み信号など）に対応する処理を CPU が行うように制御します。

各部分は，外部から CPU に対して与えられる**クロック**という電気信号に合わせて 1 ステップずつ段階的に処理を進めていきます。したがってクロック

が速いほどプログラムの処理も高速化します。年々クロックの上限は上がってきており，たとえば，パーソナルコンピュータなどに使用される Intel 社の Core i シリーズプロセッサは 3GHz 以上のクロックで動作するものがあります。なお，コンピュータ全体の処理速度を上げるためには，CPU だけの高速化よりも全体としてのバランスが重要であり，そういった観点から 1 つの CPU チップの中に 2 つ以上の CPU を組み込んで，全体としての処理能力を上げるという手法が採られるようになってきました。

　CPU が直接理解できる命令は 2 進数で記述された機械語のみです。表示する場合には 16 進数で表しますが，いずれにしても人間が直接理解するのは困難です。機械語をプログラミングする場合は，アルファベットの記号に置き換えたアセンブリ言語を使用します。

図　CPU の例　（提供：©Intel Corporation）

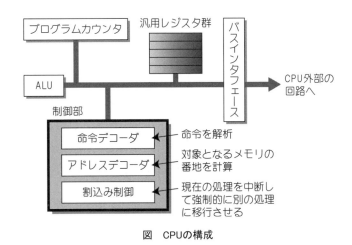

図　CPUの構成

1.10 処理能力の指標

　CPU は，外部から規則的に与えられる電気信号（クロック）に同期して，命令を処理していきます。一般に CPU の処理能力は，このクロックが高速になるほど上昇することになります。同じ種類の CPU でも，このクロックの速度の違いをはじめとして，メモリの読み書きの速度，画面表示を行う速度，複雑な実数計算を行うときの速度などによって，処理能力は異なるものとなります。

　実行する命令の機能や種類は，CPU の種類によって大きく異なるので，1種類の比較方法だけでは常に公平な比較が行えるわけではありません。たとえば，パーソナルコンピュータに使用される CISC（後に詳しく記述）と呼ばれる種類の CPU では，命令の種類によっては実行に数クロックの時間がかかりますが，そのかわりに複雑な処理を1命令で処理できます。一方，RISC（後に詳しく記述）という種類の CPU は，すべての命令が基本的には1クロックで処理されます。しかし用意されているのは単純な処理の命令だけであり，複雑な処理を行うような命令は持っていません。したがって，単純な命令のみの処理の早さを比べるだけでは，処理能力の高さを測定できたことにはならないのです。そこで，処理する分野ごとの処理能力を測定するためのプログラム（ベンチマークプログラム）が各種作られています。

● MIPS

　MIPS（ミップス：Million Instruction Per Second）は，1秒間に何個の命令を実行できるかを表す数値で，単位は百万を使います。したがって，MIPS 値では RISC 型の CPU は値が高いのですが，複雑な処理を含む実際の計算では，さほど差がでないこともあります。そこで，実際の処理に近い形で作られたプログラムの実行時間を測定して，CPU の能力を比較する方法がとられる場合も多いのです。

● FLOPS

きわめて高速な計算能力を持つスーパコンピュータでは，浮動小数点の演算回数を示す FLOPS（フロップス：Floating Operations Per Second）という数値で計算能力を表します。実際には，百万回を単位とした MFLOPS（メガフロップス），あるいは 10 億回を単位とした GFLOPS（ギガフロップス）が用いられています。日本で 2012 年に開発されたスーパコンピュータ「京」では 10PFLOPS（ペタフロップス）を達成しました。1 秒間に 10 の 15 乗回の浮動小数点数計算を行える処理能力です。

● 3D グラフィックスベンチマーク

パーソナルコンピュータ用の 3 次元表示をともなうゲーム（3D ゲーム）では，CPU だけでなく，画像表示のための部品であるグラフィックプロセッサ（GPU）の性能が重要となります。実際の 3 次元表示を模擬した処理を行って，どの程度の性能であるかを調べるためのソフトウェアが 3D グラフィックスベンチマークです。1 秒間に何回の画面書き換えを行うことができたか，などの数値により PC 全体としての 3D 処理能力を測ります。3DMark シリーズなどの他，市販の 3D ゲームの宣伝用製品として配布されているもの（MHF ベンチマークや FINAL FANTASY ベンチマークなど）では，ゲームのシーンの一部を再現して測定を行います。

● 命令ミックス

ある分野の計算処理において平均的であると考えられるプログラムを実行し，1 命令あたりの平均実行時間を求めて計算機の性能を評価するものです。科学技術計算分野用にギブソンミックス，事務計算分野用にコマーシャルミックスがあります。パーソナルコンピュータの処理能力を評価するために，Office ソフトウェアの処理速度を求めるものや，ゲーム表示画面の表示速度によってベンチマークを行うものもあります。

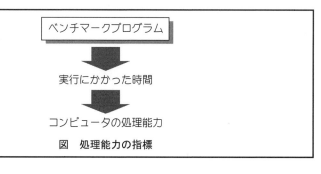

図　処理能力の指標

1.11 CPUの高速化

　CPUには，命令の構造およびその処理方法により **CISC**（シスク：Complex Instruction Set Computer）型と **RISC**（リスク：Reduced Instruction Set Computer）型との2種類があります。

　CISC型は多種類の複雑な命令セットを持ち，プログラミングの自由度は高くなります。しかし，命令処理のための回路などが複雑化するために動作クロックを高速化しにくくなり，命令を効率よく処理するためのパイプライン処理も効果が弱くなりがちです。

　RISC型では，命令セットは基本的な命令のみに絞られており，1つの命令で処理できる範囲は限られますが，各命令の実行は高速化され，すべての命令が1動作クロックで行われるように設計されています。命令の種類が少ないことで，CPU内部の構造が単純化され，動作クロックの高速化が図れます。すべての命令の長さを一定とすることでパイプライン処理を効率よく行えますが，機械語プログラムを生成するコンパイラの性能（最適化）が重要となります。

● パイプライン

　CPU内部で命令を処理する際には，いくつかの段階（ステージ）を通ります。通常は次のような各ステージがあります。

　① 命令をメモリから取り出す。………… （IF）
　② 命令を解読する。……………………… （ID）
　③ 処理に関係するアドレスを計算する。…… （OA）
　④ 命令に付随するオペランドを取り出す。‥ （OF）
　⑤ 命令を実行する。……………………… （EX）
　⑥ 実行結果をメモリに書き込む。………… （RS）

　1つのステージを終了したら，次の命令の処理を始めることが可能な構造にしておくことで，1クロックの中で複数個の命令を処理できます。

● 並列プロセッサ

　複数個のCPUを1台のコンピュータの中で同時に使用します。数百台の

CPU を使う場合もあります。また，パーソナルコンピュータでも 2 個程度の CPU を使用しているものもあります。科学技術分野で使用される数値計算用のスーパコンピュータでは，並列プロセッサ方式が使われています。

● スーパスカラ

単純なパイプライン処理では，各ステージの処理が同時に複数個行われることはありません。これに対してパイプラインを複数個作り，並列に動作させることで処理を高速化できます。このような仕組みをスーパスカラと呼びます。命令の種類によって，同時に実行できる場合と，前の命令の処理結果が出てからでないと次の命令が処理できない場合がありますから，CPU 内部で並列処理できる命令を識別して各パイプラインに振り分けてやります。

● CPU の低消費電力化

2000 年に発売開始された CPU である Pentium4 シリーズでは，高速化を追い求めた結果，消費電力が 100W を越えるものも出てきましたが，これにともない発熱が増大し，その冷却のための騒音の発生が問題視されるようになってきました。またノート型 PC ではバッテリ駆動時間を長くし，バッテリのサイズと重量を減らすために消費電力の低減が強く求められるようになりました。その結果，消費電力を数 W にまで抑えた Intel の Atom プロセッサなどが開発され，ノート型 PC などに使われるようになりました。また，特に低消費電力設計の Cortex プロセッサがスマートフォンなどに使われています。

表　CISC と RISC の性能の違い

	CISC	RISC
内部の構造	複雑	単純
命令の種類	多い	少ない
動作クロック	低速	高速
プログラミングの自由度	高い	低い
制御方式	一部マイクロプログラム	ワイヤードロジック

1.12 半導体メモリ（RAM）

　CPU が直接データを書き込んだり読み取ったりするメインメモリは，通常コンピュータ本体内に置かれ，半導体 IC メモリが用いられて，1 次記憶と呼ぶ場合があります。データの書き込みと読み取りの両方ができる半導体メモリを **RAM**（ラム：Random Access Memory）と呼び，メインメモリには **DRAM**（ディーラム：Dynamic Random Access Memory）という種類の RAM が使用される場合が多いです。その他 **SRAM**（エスラム：Static Random Access Memory）という種類の半導体メモリは，メインメモリの働きを助けるキャッシュメモリという部分に使われます。DRAM は静電気を内部にためているか，そうでないかによって情報を記憶し，SRAM はフリップフロップという電気的な回路の働きで情報を記憶します。

　DRAM は構造が簡単で，小さいチップの中にたくさんの情報を記憶できます（集積度が高い）。一方 SRAM は集積度は低いので 1 チップの記憶容量は小さいですが，DRAM よりも高速でデータの読み書きができます。DRAM や SRAM などの半導体メモリには次のような特徴があります。

● 高速性
　磁気記憶装置などに比べて高速にデータの読み書きができます。数十 nsec 以下でデータの読み書きを行うことができ，さらに連続したメモリ内の場所（番地）にあるデータはより高速に読み取れる仕組みを備えています。

● 電源の必要性
　記憶したデータは，電源を切ると消えてしまいます（揮発性）。

● 高価格
　磁気記憶装置に比べると，同じ記憶容量では高価になります。

　半導体メモリとして使用される電子部品は，VLSI と呼ばれるもので内部に数百万個のトランジスタやコンデンサといった微小な部品が組み合わされ，内部で電子回路として接続された状態で，数 cm 程度の大きさのチップとして製造されます。現在よく使用されている DRAM（16Gbit，ギガビット）の

場合，1つのチップで 16×10^9 個の0か1のデータを記憶できます。

　パーソナルコンピュータでは，このDRAMチップをいくつかまとめて小型の基板に配置したものをコンピュータ本体基板上に差し込んで使うようになっています。この小型の基板にDRAMが配置されたものを，その形式によりSIMMあるいはDIMMと呼びます。また，SIMMやDIMMの容量は，その中に組み込まれているDRAMの容量の合計ですが，単位はバイト（Byte）を用います。1バイトは0か1を8個記憶できる容量です。実際には，SIMMやDIMMの容量は非常に大きくなるので，接頭語M（メガ，$\times 10^6$）やG（ギガ，$\times 10^9$）をつけて，512MBや2GBのように表します。

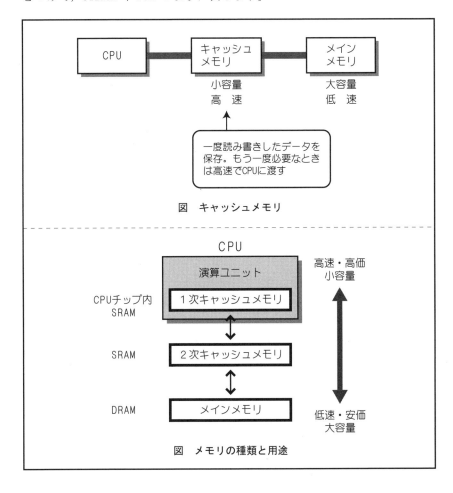

図　キャッシュメモリ

図　メモリの種類と用途

1.13 半導体メモリ（ROM）

コンピュータ内には，読み書き可能な RAM の他に，読み取りのみが可能で電源を切ってもデータが消えない ROM（ロム：Read Only Memory）が組み込まれています。これは，電源投入時に CPU などに対して最低限の設定，準備作業を行うプログラムが工場で書き込まれており，コンピュータの電源が入った後，オペレーティングシステムなどを磁気ディスク装置から読み取るために存在します。

ROM にもいくつかの種類があります。

● マスク ROM
工場での製造工程でデータを書き込んで出荷するため，追加の書き込みやデータの消去はできません。

● PROM（ピーロム：Programmable Read Only Memory）
データを紫外線光によって全部一度に消去して，新たに書き込むことができます。消去や書き込みには専用の装置が必要となります。PROM は試作品のコンピュータなどに使われることがありますが，量産品にはマスク ROM を用いるのが普通です。

● EEPROM（イーイーピーロム：Electrically Erasable PROM）
電気的にデータを一度に消去することができます。書き込みも特別の装置なしに行えるので，コンピュータ内に内蔵された状態のままデータを書き換えることができます。

● フラッシュメモリ
フラッシュメモリとは，チップ（またはブロック）単位でデータを電気的に消去することができる不揮発性（電源を切ってもデータが消失しない）の半導体メモリです。フラッシュメモリは 1987 年に東芝で開発され 1989 年頃から量産されるようになり，ノート型パーソナルコンピュータやデジタルカメラなどの携帯型情報機器の普及拡大にともない広く使われるようになりました。また MP3 オーディオなどと呼ばれる携帯型音楽プレイ

ヤでは，CD や MD の代わりにフラッシュメモリに音楽データを入れて使用します。多くのスマートフォンにはフラッシュメモリの規格の1つである MicroSD メモリカードを入れることができるようになっており，これにアドレスブックや音楽，動画のデータを保存しておくことができます。フラッシュメモリは PROM に分類されます。

リード：　　 70〜150 ns
ライト：　　 2〜10 μs／Byte
消去：　　　 1.5 sec.／セクタ
書き込み／消去回数：10 万回（最小値）

マスクROM	工場でデータ書込み済み。
PROM	データ書込みと消去が可能。試作機などに。
EEPROM	組み込んだままで書込みと消去が可能。
フラッシュメモリ	チップ全体（またはブロック）での消去。デジタルカメラなどのメモリ。

図　ROM の用途

図　SD メモリカード，microSD メモリカードの例

（左）提供：ソニー株式会社　ソニー SDXC/SDHC UHS-II メモリーカード SF-G シリーズ『SF-G128T』(128GB)
（右）提供：ソニー株式会社　ソニー microSDXC/microSDHC UHS-I メモリーカード『SR-128UX2』(128GB)

1.14 2次記憶装置

コンピュータに用いられる記憶装置には，**主記憶装置**（メインメモリ）と**2次記憶装置**（主に，ハードディスク，フロッピーディスク，MO ディスク，CD，DVD，USB メモリなど）があります。これらの記憶装置にはそれぞれ次のような違いがあります。

● **アクセス速度**

記憶装置にデータを記憶させたり，データを読み取るためには時間がかかります。データの読み書きをすることを**アクセス**と呼びますが，アクセス速度はメインメモリに使われる半導体メモリでは高速で，ハードディスク（磁気ディスク）などの2次記憶装置では低速になります。もちろんできる限り高速であることが望ましいのです。コンピュータがプログラムを実行するときは，メインメモリ内から命令を取り出しては実行していくので，メインメモリのアクセス速度は CPU の演算速度にも密接に関係してきますが，2次記憶装置にも実行に必要なプログラムやデータなどが置かれるため，コンピュータの処理速度に影響を与えます。

● **容量**

パーソナルコンピュータで，デジタルカメラなどからの画像データを処理する機会も多くなってきました。このようなデータは非常にサイズが大きいため，メインメモリおよび2次記憶装置の容量を多く必要とします。もし記憶容量が少ない場合には，一度に処理できるデータ量にも制限が生じ，たとえば大きな画像ファイルは処理できないなどの問題が起こります。また，プログラムが大きすぎてメインメモリに入らない場合には，プログラムの実行が不可能になる場合があります。一般にハードディスクは，半導体メモリに比べて大容量のものが用いられています。

● **揮発性**

メインメモリに使用される半導体メモリは，電源を切ると記憶していたデータも消えてしまうタイプのものが多く，このような性質を**揮発性**と呼び

ます。半導体メモリにも電源を切ってもデータが消えないものもあるが，高価であったり，データの書き換えに手間がかかったりします。一方，2次記憶装置であるハードディスクは，電源を切ってもデータが消えない不揮発性の記憶装置です。

● **価格**

記憶装置に求められる性能として主なものは，高速なアクセス速度と大容量ですが，この両者を同時に満たすことはコストの面から困難です。メインメモリに用いられる半導体メモリは，同じ記憶容量ならばハードディスクよりも高価です。

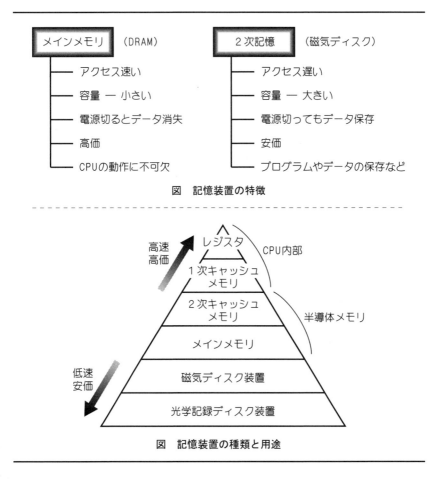

図　記憶装置の特徴

図　記憶装置の種類と用途

1.15 磁気ディスク

　現代のパーソナルコンピュータ向けの 2 次記憶装置として，なくてはならないのが**ハードディスク**（磁気ディスク，固定ディスク）です。ハードディスク装置は，内部に磁性体（磁石になる性質を持った物質）を塗布した円盤（通常はガラス製）が複数枚重ねられ，1 本の回転軸に取り付けられています。円盤は 1 分間に 5,000 回転から 1 万回転程度の高速で回転し，表面の円周上に磁気でデータを記録し，または記録された磁気を読み取ることができます。データの読み書きのために使用する磁気ヘッドは各円盤の面ごとに設けられており，円盤状の目的の位置にすばやく移動し，わずかに浮き上がった状態で磁気を発生してデータを書き込んだり，円盤上の磁気を読み取って電気信号として取り出すことができます。ハードディスクは通常，コンピュータ内に設置したままで使用し，取り外しての持ち運びは行えないものが多いのですが，一部に抜き差しを容易にしたタイプもあります。

　円盤に記録される同心円を**トラック**と呼びます。さらに各円盤で同じ位置にあるトラックを縦方向にまとめて**シリンダ**と呼びます。各トラックは，いくつかに分割され，セクタとしてデータ管理の際の単位となります。

　ハードディスクは書き込み，読み取りの速度が他の 2 次記憶装置に比べて高速であり，しかも体積あたりの記憶容量も大きいため，よく利用されます。現在では一般的なパーソナルコンピュータでも数 T バイト（1T バイト＝ 1×10^{12} バイト）程度の容量のハードディスクを搭載しています。記憶容量の増加はきわめて早いペースで進んでいます。たとえば 1979 年当時，世界最大容量の磁気ディスク装置は電電公社の 800M バイトのものでしたが，これは現在のパーソナルコンピュータに用いられているハードディスクの容量よりも小さく，しかもその大きさは机 1 台分程度もあったのです。

● RAID

　RAID（レイド：Random Array of Inexpensive Disks）は複数個の磁気ディスク装置を使用しつつ，それらを 1 つの磁気ディスク装置のように制御して

利用することで,信頼性の向上や高速化を図る機構です。RAIDにはRAID0からRAID5まで6種類があります。

たとえば,RAID0では複数のディスクにデータを分割して記録します。読み書きの高速化が図れますが,信頼性の向上はありません。

RAID5ではデータを分割して記録するとともに他のディスクのエラーチェック用パリティデータを記録するもので,1つの磁気ディスクに障害が発生してもデータを復元することができる方式です。

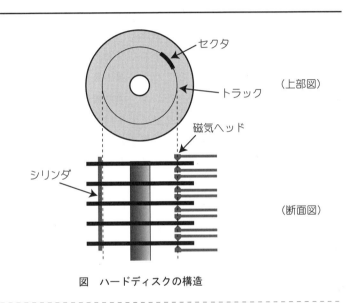

図　ハードディスクの構造

図　RAID0

1.16 インタフェース

コンピュータが外部とのデータなどのやり取りを行う接点となる部分のことを**インタフェース**と呼びます。インタフェース部分に共通の規格を定めておくことによって，いろいろなメーカの多様な装置を1つのインタフェースを利用して接続することも可能となります。たとえば，現在ほとんどのパーソナルコンピュータに装備されている **USB インタフェース**には，マウス，キーボード，スキャナ，オーディオ装置，ハードディスク，DVD/CD-ROM ドライブ，USB メモリなどといった多彩な機器を接続することができます。

本来，電気的な特性が異なるこれら各種の装置が1つのインタフェースによってコンピュータに接続できるのは，標準規格を定め，その規格に従ってデータのやり取りを行い，コネクタの形や信号線の配置なども定められた通りに行えば，どのメーカのどのような装置であってもデータのやり取りができるようになっているおかげです。インタフェースの標準規格化はユーザにとってももちろんメリットが大きいのですが，メーカ側にとっても各種機器の普及を期待でき，市場の活性化という点で大きなメリットが期待できるのです。コンピュータに使われているインタフェースの規格としては，RS-232C，SATA，GP-IB，SCSI，IEEE1394，USB，IDE，IrDA などがあります。

● シリアルとパラレル

入出力インタフェースには，データを送る際に1本の信号線を用いて1ビットずつ順次転送する**シリアル伝送方式**と，複数の信号線を用いて同時に複数ビットを転送する**パラレル伝送方式**があります。

シリアル伝送方式では1ビットずつの転送であるため，伝送速度が遅かったのですが，近年では IEEE1394 や USB に見られるように高速化してきています。一方，パラレル伝送方式は一度に複数ビットが送れるために速度の点で有利でしたが，ケーブルが太くなる，ノイズ対策がむずかしい，などの点であまり使われなくなってきています。

● ATA と Serial ATA

パーソナルコンピュータ内部でハードディスクなどの装置を接続するためのインタフェースとして，従来はパラレル伝送方式である ATA（IDE）規格が使用されてきました。しかし通信速度の高速化，高信頼性，ケーブルの扱いやすさなどの点からシリアル伝送方式を採用した Serial ATA が 2000 年 11 月に策定され，広く普及しつつあります。今後の記憶装置の高速化にも十分に対応できる性能を持ったインタフェースです。

表　インタフェースの規格

伝送方式	インタフェースの種類
シリアル方式	RS－232C, RS－422, IEEE1394, USB, IrDA, Serial ATA
パラレル方式	セントロニクス, GP－IB, SCSI, ATA

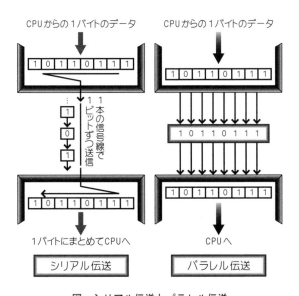

図　シリアル伝送とパラレル伝送

1.17 USBなどのインタフェース規格

いろいろな周辺機器を 1 つのインタフェースで接続したいという要求が出されるようになってきました。同時にデジタルコンテンツの発達や装置の性能向上につれて伝送するデータ容量も飛躍的に増加しています。モバイル機器が普及するにつれて，電源供給や充電用バッテリの接続を USB ケーブルを利用して行いたいという要望も出てきました。それらを満たすべく，インタフェースは統一化が進みつつあり，利用者の利便性の向上にもつながっています。

● USB（ユーエスビー：Universal Serial Bus）
USB は，パーソナルコンピュータに標準的に使用されてきたシリアルおよびパラレルインタフェースを置き換えて，より高機能に，しかもより容易に使用できるように考案されたインタフェースの規格です。USB1.1 の規格では，データ転送の速度は 12M ビット/秒（bps）であり，従来のシリアルポートの転送速度（最高で 115kbps 程度）をはるかに上回るものです。USB はハブと呼ばれる中継用の装置を用いれば，最大で同時に 127 の装置を USB ポートにつなぐことができます。コンピュータおよび接続する装置の電源を入れたままで，接続したり，はずしたりできます（ホットプラグ）。2000 年に正式に決定された USB2.0 規格では，480Mbps の高速モードが加わりました。従来の USB1.1 規格が，プリンタ，マウス，キーボードなどの中低速機器の接続を想定したものだったのに対して，USB2.0 ではハードディスクや DVD ドライブなどの高速機器も，その高速性を損なわずに接続できることになります。2008 年には USB3.0 が発表され，5Gbps の伝送速度を提供し，電源供給能力も大きく引き上げられました。2019 年に発表された USB4 では 40Gbps の伝送速度も可能となっています。さらに，バッテリやモバイル機器の電流容量の増加にともない，USB ケーブルにおいても電流供給のための USB Power Delivery 規格が制定され，最大 100W までの電力供給が可能となりました。

● HDMI（High-Definition Multimedia Interface）

　HDMI は 2002 年に規格が発表された映像・音声のデジタルデータを伝送するためのインタフェース規格です。1 本のケーブルのみで映像と音声の両方を送ることができます。従来よく利用されていた映像伝送用のアナログ RGB インタフェースは映像のみしか送ることができず，コネクタも大きいものでした。HDMI は，コネクタ形状は標準のタイプ A やミニ HDMI と呼ばれるタイプ C があり小型化されており，モバイル機器などでも利用しやすくなっています。伝送速度は最大 48Gbps になります。デジタルコンテンツの著作権保護のための HDCP に対応しています。

● Lightning

　Apple 社が独自規格として制定したシリアルインタフェースです。外部モニタやバッテリ充電器，その他の周辺機器を相互に接続するためのインタフェースで 2012 年に発表されました。転送速度は最大で 5Gbps となっています。Apple 社はこの規格を公開してはおらず，ライセンス料を取って使用を許可する形となっています。

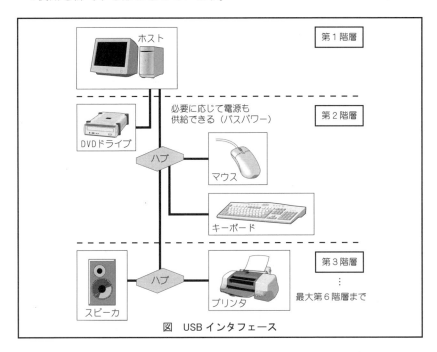

図　USB インタフェース

1.18 CRTディスプレイ

　CRTはCathode-Ray Tubeの頭文字です。CRTの基本原理は，真空にしたガラス容器内で電極を加熱し，電極表面から飛び出してくる電子を前面（文字などが表示される面）に向かって衝突させ，その際に発生する光によって画像を作り出すものです。CRTの後ろの部分方には，電流を流して加熱するヒータと，電子を放出するための電極（陰極，カソード）が配置されています。電子を放出する部分を電子銃と呼びます。

　画像が表示される面の内側には，網目状の金属板（シャドウマスク）が置かれています。このシャドウマスクには高電圧のプラス電圧（約3万ボルト）が加えられ，陰極から飛び出した熱電子はそこに引っ張られて飛んでいきます。シャドウマスクは網目状になっているので，高速で飛んできた電子の多くは網目を抜けて，その前方のガラス面にぶつかることになりますが，このガラス面には蛍光膜という膜が塗られています。この蛍光膜は，電子が高速でぶつかると発光する性質を持っており，カソードからの電子を細いビームにして，目的の位置の蛍光膜にあてることで，文字や映像を表示させます。

　CRTでは，磁石や電磁石を使って電子の流れをコントロールします。カラーCRTでは，発光色が，赤，青，緑の3種類の蛍光体を細かく並べておき，電子の流れを3つに分け，どの色の蛍光体にあてるかを調整することでいろいろな発色ができるようにしています。このような蛍光体がCRT表面に数百万個も配置されています。

　電子銃から発射された電子の流れ（電子ビーム）は，蛍光膜表面に到達し，あたった位置の蛍光体を光らせながら移動していきます。電子ビームの方向は左上から水平方向に移動していき，右端までくると一段下に移り，また左端から水平方向への移動を繰り返していきます。この電子ビームの動きを**走査**と呼びます。画面上で光っているのは電子のビームがあたっている場所だけのはずですが，走査の速度は非常に早いので人間の目には画面全体に文字や画像が同時に表示されているように見えるのです。また，蛍光体は多少の残光性を持っているので，ビームが通過した後も，少しの間は発光していま

す。電子ビームが画面の右下までくると，また画面左上に戻り，走査を繰り返します。画面全体の1回の走査に要する時間（リフレッシュレート）は，1/60秒から1/90秒程度です。CRTの性能や画面の解像度にもよりますが，1/70秒よりも長い時間になると，多少の画面のちらつきを感じることがあり，その場合には目の疲労が激しくなるので，リフレッシュレートは通常はなるべく短い時間に設定できるほうが望ましいのです。

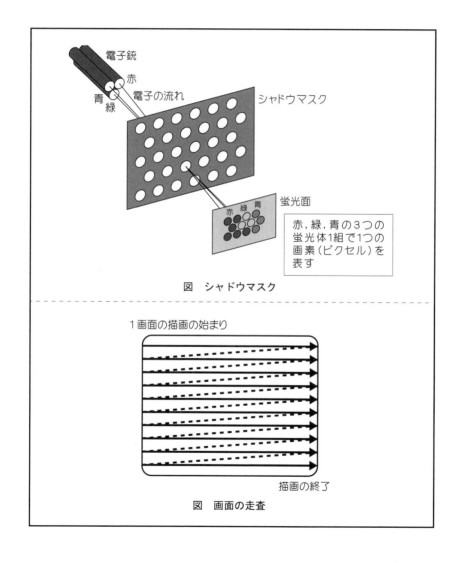

図　シャドウマスク

図　画面の走査

1.19 液晶ディスプレイ

液晶とは，液体と固体（特に，結晶）の中間の性質を持つ物質です。液晶自体は，1888年には発見されており，比較的歴史の古いものです。しかし，これが表示用素子として使用されるようになったのは1963年のことで,実用化は比較的最近です。

液晶内の分子はラグビーボールのような形状で，その細長い方向にしたがって緩やかな規則性を示して並んだ状態となっています。液晶表示板は，この液晶材料を2枚の配向膜と呼ばれる膜でサンドイッチする形で作ります。配向膜には非常に細い溝が作ってあります。そして，上下2枚の配向膜の溝の方向は90度ずらしておきます。

このようにしておくと，配向膜にはさまれた液晶材料の分子は，配向膜付近では溝の方向に整列します。上下の溝の方向は90度ずれているので，配向膜と配向膜との間の空間では分子が徐々にずれて並び，最終的に上下の配向膜間では分子の方向も90度ずれた状態となります。そして，この液晶材料の分子は，配向膜間に電圧をかけると電界の力で溝とは関係なく縦方向に整列します。電圧をかけるのをやめると，もとの90度ねじれた状態に戻ります。

このように配向膜にサンドイッチされた液晶は，**偏光**という性質を持っています。電圧がかかっていない状態で，配向膜の溝と平行な振動方向の光を入れると，その光は液晶の分子の並び方に沿って振動方向が変化していき，これにより液晶を使って光の振動方向を変えることができることになります。電圧をかけないときは90度偏光した状態になり,電圧をかけると偏光しない状態にすることができます。

この原理を応用して，特定の振動方向の光のみを通す板（偏光フィルタ）で挟むことで，文字などの表示を行うことができます。文字が表示されている部分は黒などの濃い色となっているが，これは液晶に電圧がかけられて光を通さない状態になっています。

液晶表示装置では，電圧はかかっていても電流はほとんど流れないため消費電力が小さく，電池などを電源として使用した場合でも長時間使用するこ

とができるのも大きな特徴です。

　液晶に電圧をかける際の制御方法によって，液晶表示装置にはいくつかの種類があります。コンピュータのディスプレイ装置として現在よく使われているのはTFTと呼ばれるもので，ドットマトリックスの微小な液晶の画素1つひとつにトランジスタを取り付け，電圧のオン，オフを制御するもので，コントラストのよい画像が表示できます。しかしその一方で，表示板1枚あたり100万個にもおよぶ画素の1つひとつにトランジスタを取り付けなければならず，そのコストは価格に跳ね返り，他の方式（DSTNなど）に比べて高価になりますが，画質が優れており，広く使われています。ただ，非常に多くの画素をまったく欠陥なしに製造することは非常に困難であるため，2〜3個程度の欠陥画素が含まれた製品であっても，正常として出荷されています。

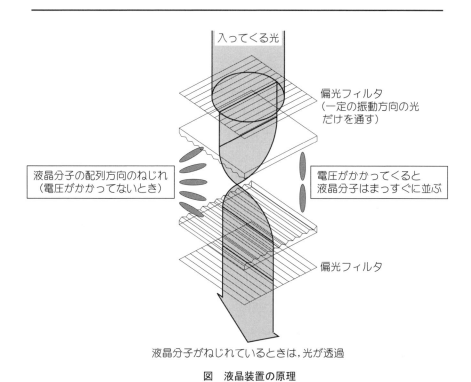

図　液晶装置の原理

1.20 ユーザインタフェース

コンピュータを操作するための装置類，コンピュータからの情報を人間が受け取るための装置類を総称して**ユーザインタフェース**と呼びます。ユーザインタフェースには，キーボード，マウス，ディスプレイなどがあります。

● キーボード

文字を入力するための装置であるキーボードは，欧米のタイプライタから発展したものです。一般的に用いられているキーボード上のキー配列はアルファベット順にはなっていません。英文を入力する際に効率的に指が動くように考案されたとも言われていますが，機械式のタイプライタでは，あまり速くキーを押すと，内部の棒などが絡まってしまうことがあったために，あまり高速では入力できないようにするための配列だったという説もあります。

日本語の入力には，ひらがなを各キーに割りあててのひらがな入力か，アルファベットを用いてのローマ字入力が行われます。いずれにしても漢字への変換操作が必要であり，効率が落ちます。

高速なキーボード入力を行うためには，タッチタイピングと呼ばれる，キーボードを見ずに入力を行える技能を修得することが必須です。

● マウス

現在のパーソナルコンピュータではキーボードと並んで必須の入力装置となっています。内部に球が入っており，センサで球の動きを検出して，移動情報をコンピュータに送る方式のものが主流でしたが，光学センサを用いて，マウスの下にある机などの面の微細な模様を捕らえて移動を検出する方式のものや，無線によりコンピュータと通信を行うものなどが増えてきています。光学式では，ほこりなどに強いが，移動面が赤系統の色の場合に読み取れない場合があるなどの特徴があります。無線方式では，特に光学式と組み合わせた場合に，バッテリの持続時間の問題などがあります。従来はパーソナルコンピュータとは専用のインタフェースを持ってい

ましたが，近年は USB インタフェースを使用するものが主流です。

● ジョイスティック

ゲームを行うために使用されることが多い装置です。単に多数のスイッチの状態を読み取る方式のものから，レバーの傾いている角度を読み取ることのできるアナログジョイスティックなどいろいろなものが作られています。ゲームの臨場感を出すために，内部に振動を起こすモータが組み込まれ，コンピュータからの信号で，操作者の手に振動を伝えることができるものもあります。マウスと同じく専用のインタフェースを使っていましたが，近年はやはり USB インタフェースを用いています。

● タブレット

磁気センサを備えた板状の面に付属のペンを使うことで，座標などの情報を読み取ることができます。高精度のものは製図などの設計分野に，簡易なものは絵をコンピュータで描く場合の入力装置として使用されます。近年では，漫画やイラストの作画にタブレットの利用が普及しつつあります。

● スタイラスパッド

ノート PC に使われるポインティングデバイスで，指で触ることで，位置情報を読み取ります。

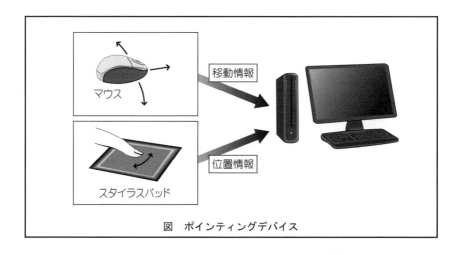

図　ポインティングデバイス

1.21 プリンタ

　プリンタをその印字機構の違いにより大別すると，インパクト型とノンインパクト型に分類されます。特にパーソナルユースの分野においてはインパクト型は姿を消し，各種のノンインパクトプリンタのなかでシェア争いが展開されている状況となっています。ノンインパクトプリンタには主に，感熱記録プリンタ，レーザプリンタ，インクジェットプリンタがあります。

● インパクト型

　インパクト型プリンタは，布製のリボンにインクを染み込ませたインクリボンの下に用紙を置き，インクリボンをごく小さな印字ハンマーなどでたたくことにより機械的に圧力を加え，インクを転写して用紙上に文字や図形を印字します。カーボン紙を使って複数枚の伝票印字などができるのが特徴です。

● 感熱型

　感熱記録（熱転写）プリンタは，部分的に高温にしたヘッドを感熱紙にあてて発色させるか，あるいは熱転写インクフィルムにあて，インクフィルムのインクを一時的に溶かして用紙に転写させます。全体としての構造が簡単であるために価格が安い，小型にできる，動作時の騒音が少ない，といった特徴があります。このような長所を生かして，ファクシミリの印字機構としても普及しました。

● インクジェット型

　インクジェットプリンタでは，微少なノズルを数十～数百本並べて印字ヘッドに装備します。このノズルからインクを噴射させ，ヘッド全体を横方向に移動させることによって文字や画像を印字することができます。インクを噴射する方法としては，主にピエゾ方式と加熱式の 2 種類の方法があります。電流を流すと，ある種の金属は急激に変形します。これを**ピエゾ効果**といい，この金属の変形を利用してインクを押し出し，ノズルから噴射させるのが**ピエゾ方式**です。

加熱式は，いわゆるバブルジェットと呼ばれている方式です．インクを加熱すると水分が蒸発して気泡ができ，体積が急激に膨張します．これを利用してインクを噴出させる方式です．

そのほか，安価な電磁バルブ式やポンプを用いた連続式などが包装紙などの非平面への印字用途などに使われます．

● **レーザ型**

レーザプリンタでは，感光ドラムにどのように光をあてるかによって印字結果を決めます．プリンタは受け取った印字データを1ページ分まとめて蓄積し，その後，1ページ全体の印字結果がどのようになればよいかを計算し光の制御を行います．印字内容が非常に細かい画像データなどの場合には多くの計算量が必要とされるために，初期のページプリンタではデータを受け取ってから実際に印字結果が出力されるまでにかなりの時間（1分以上）がかかっていました．しかし最近のページプリンタでは，高速で計算を行うマイクロプロセッサが搭載されたことにより，計算処理に必要な時間は短縮され，文字のみの印字であれば1ページの印字に数秒程度しかかからなくなっています．

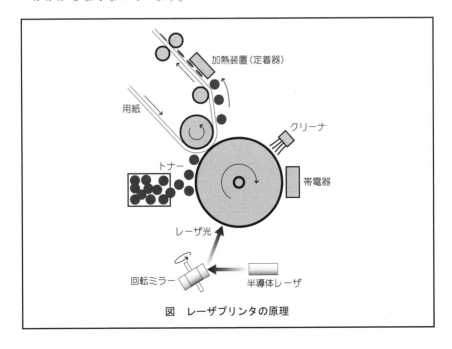

図　レーザプリンタの原理

第1章 演習問題

(1) 「バベッジの解析エンジン」の設計の中で，現代の計算機と同様の考え方で作られているのは，どのような部分かを説明してください。

(2) 電気機械式計算機と電子計算機はどのように異なっているのでしょうか。

(3) コンピュータを構成する部分を5つに分けると，どのように分類されるでしょうか。

(4) コンピュータの機能を実現する際，ソフトウェアで行う場合とハードウェアで行う場合がありますが，それぞれの長所，短所としてどのようなことが考えられますか。

(5) CPUのクロック周波数が2GHzである場合，クロックの1周期は何n秒ですか。（1n秒＝10^{-9}秒）

(6) 電源を切ってもデータが保存される半導体メモリにはどのような種類がありますか。それらの中で書き換え可能なものはどれでしょうか。

(7) 磁気ディスクが1分間に1万回転しているとします。磁気ヘッドがトラック上に移動した後，トラック上のデータを読み始めるまでの平均時間は何秒になるでしょうか。

(8) コピー機と同様の原理で印字を行うプリンタはどのような方式のプリンタですか。

第2章

情報技術の応用

情報技術は社会の仕組みの中に組み込まれて応用され，また個々の人々の生活にも密接に関連し，なくてはならないものとなっています。

本章では，社会や生活のいろいろな場面で使われている情報技術について，発達の経緯や原理について述べています。

2.1 マイクロプロセッサの構造と命令処理

マイクロプロセッサ（CPU ともいう）が直接理解し，実行できる命令は 2 進数で表された機械語命令のみです。機械語命令はマイクロプロセッサの種類によってまったく異なります。

CPU は内部に複数個のレジスタを持っています。レジスタはデータを記憶することができ，しかも外部のメモリよりもはるかに高速に読み書きできます。また，レジスタ内のデータに対していろいろな計算処理を行うことができます。

CPU のプログラム処理の手順は，(1) CPU に接続されているメインメモリ（主記憶）上に置かれたプログラムの先頭番地（アドレス）がプログラムカウンタ（PC）に入ります。(2) CPU は PC に記憶されているメモリの番地から機械語命令を取り出します。(3) PC の値は次の命令が入っている番地に変化します。(4) CPU は取り出した命令を解釈し，処理を開始します。(5) 命令の処理が終了したら，(2)に戻って次の命令の処理を繰り返していきます。

取り出された命令はデコーダ（解読器）で解読されます。四則演算のような算術演算や条件が満たされているかどうかを判断するときに使う論理演算，2 進数の乗除算などに用いるシフト演算，大小比較などの各種の演算を行う場合は，算術論理演算装置（ALU）で演算され，演算結果は指定されたレジスタやメモリに入れるとともに，演算結果の状態（エラーの有無や計算結果の正負等）はフラグレジスタ（FR）に記憶します。

プログラム実行時にユーザが使用できる汎用レジスタが数個から十数個用意されています。これらのレジスタは，データや演算結果の一時保管，計算対象となるデータがある番地を計算するためのアドレス修飾などにプログラマが使うこともできます。

● Z80 マイクロプロセッサの構成

Z80 はザイログ社が開発した 8 ビットマイクロプロセッサ（CPU）です。A,B,C,D,E,H,L の 7 個の汎用 8 ビットレジスタと，アドレス修飾用 IX,IY レ

ジスタ，フラグレジスタ F，リフレッシュレジスタ R，スタックポインタ SP，プログラムカウンタ PC を持っています。B と C，D と E，H と L は結合して 16 ビットのレジスタとしても利用できます。

● **アセンブリ言語**

機械語命令は計算機の内部では 0 と 1 で表現されます。しかし人間にとっては，LD A,B（B レジスタの内容を A レジスタに入れる：Load）のように記号で表した方がわかりやすいので，プログラム作成時には LD A,B と書き，これを 01111000 に変換するプログラム（アセンブラ）が用いられるようになりました。記号で記述されたプログラムをアセンブリプログラムと呼びます。

表　Z80 アセンブリプログラムの例

番地	機械語	アセンブリプログラム	命令の意味
0107	77	LD(HL),A	A レジスタの値を HL レジスタで指定されたメモリに入れる
0108	0D	DEC C	C レジスタの値を 1 減らす
0109	C2 07 80	JP NZ,0107h	直前の計算結果が 0 でなければ，0107 番地に分岐する

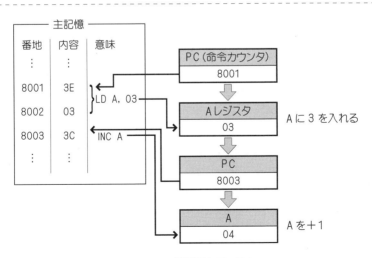

図　Z80CPU の機械語処理の流れ

2.2 プロセッサの進歩と多様化

いろいろなコンピュータ機器が広く普及するにともなって，その心臓部である CPU にも多様な要求が出てくるようになりました。処理の高速化はもちろんですが，低消費電力化や小型化は携帯して使用するモバイル機器向けとして重要な課題となっています。

現在，モバイル機器向けの CPU としては ARM 系のプロセッサが多く使われています。Android スマートフォンや iPhone でも ARM 系プロセッサが使われており，インテルが大きなシェアを握っているパソコン市場とは異なる様相となっています。

ARM プロセッサはイギリスの ARM Ltd.により設計された，小型組み込み機器や低消費電力機器向けのプロセッサコアです。この CPU コアのライセンス契約をして ARM コアを組み込んだ ARM アーキテクチャのプロセッサが世界中で広く利用されるようになっています。1985 年には最初の世代である ARM1 が開発されています。Android スマートフォンなどに使用されるクアルコム社の Snapdragon プロセッサ，スマートフォン用途のほかにもニンテンドー社の Switch などのゲーム機器用にも使われている NVIDIA 社の Tegra プロセッサ，アップル社の iPhone などに使用される A12 などの A シリーズプロセッサ，そのほか小型のデジタル制御用機器の組み込み用途に利用されています。

ARM アーキテクチャは，その設計元の ARM 社が設計の利用権を販売し（ライセンスする），ライセンスを受けた会社がいろいろな機能を追加し，1 つの完成したプロセッサとして使用，販売するという形態をとります。ARM 社自身では製造は行っておらず，ARM コアの設計使用権を売るというライセンシングによって主な収益を上げています。なお，2016 年には日本のソフトバンクグループが約 3.3 兆円で ARM 社の買収を行い，ソフトバンクグループの傘下となっています。

自動運転技術が急速に進化している自動車産業においても，各種センサや機構の制御のために ARM アーキテクチャのプロセッサが多数使用されつつ

あります。

● SoC

ARM アーキテクチャの利用形態は，ARM コアに各種の機能を実現する回路を加えたチップを設計・製造して使用するというものです。ARM コアの他にいろいろな機能を 1 つのチップに統合することで小型化，低消費電力化，高速化といった利点が実現できます。このような 1 チップにシステムとして必要な多くの機能がまとめられたチップを **SoC**（System on a Chip）と呼びます。主要な機能とは，たとえば CPU，グラフィック処理，メモリまたはメモリインタフェース，動画再生，写真撮影といったものがあげられます。スマートフォン用 SoC では複数の CPU コアを内蔵し，必要な数のコアのみを動作させることで消費電力を抑えつつ，必要な計算能力は維持するという手法が一般化しています。CPU コアの数は 6〜8 個になるものもあり，しかも低消費電力コアと高消費電力コアの 2 種類を持ち，処理量に合わせてコアの種類と数を変化させながら処理を進めていくことができます。このような仕組みによって必要なときには十分な処理能力を提供しつつ，低消費電力を実現することが可能となっています。

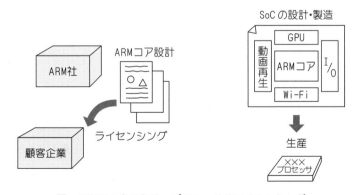

図　ARMアーキテクチャプロセッサのライセンシング

2.3 システムの信頼性

システムの信頼性を向上させる手法には，システム構成要素それぞれの信頼性を高める方法（Fault Avoidance：フォールトアボイダンス）や，システムのいずれかの部分が障害を起こしてもシステム全体としては稼働を続けられるようにする方法（Fault Tolerance：フォールトトレランス）があります。

フォールトトレランスには，次のような実現方法があります。

● **フェイルソフト**（Fail Soft）
故障した部分を切り離してシステムの稼働を続けます。

● **フェイルセーフ**（Fail Safe）
故障が発生したときには，あらかじめ設定した安全状態にシステムを移行させた後，停止します。

● **フールプルーフ**（Foolproof）
操作者のミスによるエラー発生や故障を防ぐように対策をします。

システムとしての信頼性を表す指標として次のような項目があります。これらの頭文字を並べて，**RASIS**（ラシス）と呼びます。

● **Reliability**（信頼性）
システムの故障しにくさを示す指標です。具体的には MTBF（Mean Time Between Failure）が使われ，障害が発生するまでの平均的な期間を表します。

● **Availability**（可用性）
システムが動作可能な状態にある期間の割合を示す稼働率が使われます。
MTBF が長く MTTR（平均修理時間）が短いほど Availability が高いシステムです。

$$稼働率 = \frac{MTBF}{MTBF + MTTR}$$

● **Serviceability**（保守容易性）
保守のしやすさを表すもので，一般に MTTR が使われます。

● **Integrity**（保全性）
複数のユーザでシステムを使用したときなどにハードウェア，ソフトウェア，データなどに不整合による障害が起こりにくいことを表します。

- Security（安全性）

  災害，システムへの不正アクセス，操作ミスによる障害などが起こりにくいことを表します。特に近年は不正アクセスへの対処が重視されるようになっています。

  システムの信頼性を向上させるために，以下のような多重化が行われることがあります。

- デュアルシステム

  2組のシステムを使用して，同時に同じ処理を行い，結果を比較してシステムが正常であることをチェックします。障害発生時にはそのシステムを切り離して処理を続けます。高信頼性ですが，コストは高くなります。

- デュプレックスシステム

  予備系システムを用意しておき，障害発生時にはこちらに切り替えます。予備系は停止しておく場合や，他の処理に使用する場合があります。

- クラスタリング

  複数のコンピュータを相互に接続し，1つの処理を複数のコンピュータに分散させて実行するシステムです。1台のコンピュータに障害が発生しても残りのコンピュータで処理を続行できます。またシステム全体としての処理能力を上げることができます。

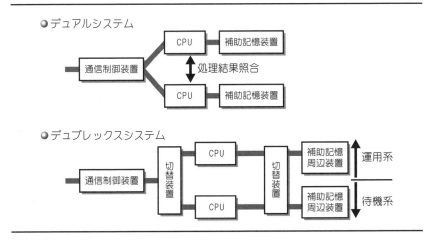

2.4 記録メディアの変遷

音を記録するための装置として 1877 年にエジソンはフォノグラフを発明しています。これは，すず箔を貼った円筒の周囲に音の振動を記録した溝を刻み，音を再生するときには針で溝をなぞりながら円筒を回転させ，針に取り付けられた振動板によって音を発生させるというものでした。

円筒式のフォノグラフに対して，1887 年にはエミール・ベルリナーによる円盤式蓄音機グラモフォンが特許申請されました。この円盤式蓄音機は，その後，長い間レコードとして使われることになります。円盤式は複製を簡単に大量に作れることから，大衆向けの製品として受け入れられ，その後 1980 年代に入り CD が急速に普及するまでの間，ほぼ 100 年にわたり音楽を手軽に再生するメディアとして使われ続けました。

● CD

1982 年に生産開始された CD は磁気ディスクなどと異なり，データを記録する溝（トラック）が同心円ではなく，中心から外周へと 1 本のらせん状にデータを記録してあります。データは溝の中の「くぼみ（ピット）」で表現されます。ピットは深さ 120nm であり，ヘッドからレーザ光線を溝に沿ってあて，反射光の強弱を同じくヘッドの受光器により受光し，データの 0，1 を判別します。

なお，74 分間の音楽データを 44,100 分の 1 秒ごとに 16 ビットの帯域幅でステレオ記録すると元の音データの量は，

　　16（ビット）×2（左右 2 チャンネルステレオ）×44,100×60（秒）×74（分）
　　＝ 6,265,728,000（ビット）

です。バイト単位（1 バイト＝ 8 ビット）に直すと 783,216,000 バイト＝ 783.216M バイトとなります。

音楽用 CD では，CD の表面に多少の汚れや傷が付いても再生が行えるように各種のエラー訂正技術が組み込まれています。音のデータ 192 ビット（24 バイト）に対して読み取りエラー訂正用のデータ 72 ビットが付加さ

れるため，CD に記録されるデータは音のデータ量よりも多くなります。指紋やほこりの付いた CD が問題なく再生できているのはこの仕組みによるところが大きいのです。

● DVD

DVD は，CD と同一の大きさ（直径約 12cm）のプラスチック製の円盤に，デジタルデータを記録するものです。容量は CD よりもはるかに大きく，片面記録と両面記録のそれぞれに対して，1 層記録と 2 層記録の方式があり，それぞれ容量の異なる 4 種類の方式があります。

DVD では，ディスク容量は片面で 4.7G バイト，両面で 9.4G バイト，片面 2 層で 8.5G バイト，両面 2 層で 17G バイトとなります。データ転送速度は標準で 1350k バイト/秒であり，CD-ROM（標準速度）の 9 倍の速さを持ちます。DVD は厚さ 0.6mm のディスクを 2 枚貼り合わせた構造となるので，両面にそれぞれデータを記録することができ，さらに 1 つの面の中に，記録層を 2 つ作ることもできます。これは表面に近い層を光に対して半透過性とすることで実現しています。

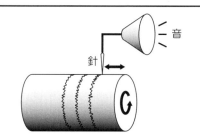

図　エジソンが発明したフォノグラフ原理図

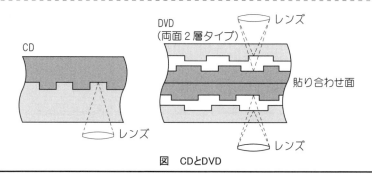

図　CDとDVD

2.5 新しい記録メディア

1995年に規格統一がなされてスタートしたDVDですが，映像の記録技術は急速に進歩し，高画質の映像をデジタル記録できるメディアが必要となってきました。ハイビジョン形式の映像などは現行のDVDの記憶容量では短時間のコンテンツしか収録できなくなってきます。たとえば，地上デジタルTV放送でのデータ転送速度は最高24Mbpsですが，この放送を2時間記録するためには約22Gバイトの記憶容量が必要で，DVDの最も標準的な記憶容量4.7Gバイトでは30分も記録できないことになります。上下2つの記録層を用いる片面2層式のDVDでも記憶容量は約8.5ギガバイトであり，2時間ものハイビジョンコンテンツを記録することはできません。こうした映像コンテンツの大容量化に対応して次世代DVDの開発が進められ，2002年から2003年にかけて2つの次世代DVDが発表されました。

ソニー，パナソニックなど世界の電機メーカ9社により2002年に発表されたのがBlu-ray Disc（ブルーレイディスク）です。Blu-ray Discの提案にやや遅れて，2003年に東芝，日本電気，三洋電機などが共同で，現行DVDと同じ0.6mm厚のディスクを貼り合わせた構造を用いた次世代DVDの規格を発表しました。この規格はその後HD DVDとして製品化されました。

HD DVDとBlu-rayのいずれも，光源には青紫色レーザ（波長405nm）を用いており，ディスクの厚さや直径は同一です。ディスク表面から記録層までの距離が異なっており，距離が短いほうが記録容量を大きくしやすくなります。距離が短いとディスクの傾きによる影響が小さくなり，読み取りエラーの低減や記録密度の向上が容易となるからです。しかし，ディスク製造コストや傷に対する耐性などは，従来のDVDと同一である0.6mmのほうが有利となっています。

Blu-ray陣営とHD DVD陣営では，コンテンツを供給するハリウッドの映画会社を自陣営に取り込む活動や，安価なプレーヤの発売などを急ぐ動きを活発化させ，次世代DVD市場シェアを握ることを目指しての激しい競争を展開しました。かつて現行DVDの規格を制定する際にも，同様の規格化の

主導権争いがありましたが，このときは映画産業界が規格の統一を望み，現行規格となった経緯があります。しかし次世代 DVD 規格については統一への協議も行われましたが合意には至らず，2 つの方式が並行して開発競争を繰り広げました。2008 年はじめに，アメリカの大手映画会社の多くが Blu-ray への支持を表明し，同年 2 月 19 日，東芝が HD DVD 機器の生産中止と撤退を正式に発表したことで，Blu-ray が次世代 DVD 規格となりました。

表　Blu-ray と DVD の規格

	Blu-ray	従来の DVD
記録・再生の光源	青紫色レーザ 波長 405nm	赤色レーザ 波長 650nm
ディスクの直径	12cm	
ディスクの厚さ	1.2mm	
ディスクの表面から記録層までの距離	0.1mm	0.6mm
1 層あたりの記録容量	27GB	4.7GB
メディアの最大記録容量 (2 層)	54GB（約 6.5 時間）	8.5GB（−）

　Blu-ray と DVD では，ディスク直径やディスクの厚さは同じですが，記録容量は大きく異なります。大容量化を実現するために，Blu-ray では記録・再生の光源として波長の短い（405nm）青紫レーザを用いています。短い波長の光を使うことで，より小さなピットの読み取りが行えるようになり，同じ面積のディスクにより多くのデータを記録できるのです。同時にデータを読み取る速度も向上し，CD では 1.4Mbps，DVD では 11Mbps だったものが Blu-ray では 36Mbps になりました。Blu-ray ディスクの記録容量の改良も進められており，128G バイトまでの容量の規格が制定されています。

2.6 VTR

現在，家庭用ビデオとして主に使われている VHS 方式 VTR は，テープに対してヘッドを斜めに傾けてテープ上を移動させることによって信号の記録および読み取りを行うヘリカルスキャン方式が採用されています。この方式は 1959 年に東芝が開発したもので，ヘッドはテープの走行方向に対して軸が傾いて取り付けられた円筒形ヘッドドラムに取り付けられています。このヘッドドラムは常に回転し，テープは斜めに接触するようになっています。こうすることにより，テープが走行するにしたがって，斜めに何本もの磁気記録の帯が作られ，高密度で信号が記録できます。

オーディオテープレコーダではヘッドは固定されており，テープがヘッド上を直線的に移動し磁気記録を行います。これに対して，VTR がこのように複雑な方法で磁気記録を行わなければならない理由は，画像情報が音声に比べて非常に多量の情報量を持っているためです。オーディオの録音に要する周波数帯域幅は 20kHz 程度であるのに対して，ビデオテープレコーダに要求される帯域幅は約 5MHz で，オーディオテープレコーダの約 250 倍もあります。ビデオ画像 1 分間の情報量は，オーディオ録音 250 分にも相当する情報量を持っていることになります。

VHS 方式では，ヘッドドラムには 2 つのヘッドが取り付けられています (さらに 3 倍モードなどのためのヘッドも取り付けられている)。ドラムには半周にわたってテープが斜めに巻きつけられ，毎秒 3.34cm の速度でテープが送られます。ヘッドドラムは毎秒 30 回転し，その結果，次頁下図のようにテープ上には斜めに磁気記録トラックが記録されていきます。各磁気記録トラックはヘッドドラム上の 2 つの磁気ヘッドが交互にテープ上を移動した跡に形成されます。再生時には同じヘッドでテープのトラック上の磁気トラックの磁気の変化を検出し，電気信号に変換して画像および音声の再生を行うようになっています。回転しているヘッドはテープに対して非常に早い速度で移動することになります。

VHS 方式の場合，ヘッドのテープに対する相対速度は 5.8m/s です。オー

ディオカセットテープレコーダの場合，ヘッドとテープの相対速度は 4.75cm/s すなわち 0.0475m/s ですから，きわめて大きな差があります。これは前述のように VTR では記録しなければならない情報量が桁違いに多いためです。

　音質の向上という点に関しては，両陣営ともに 1983 年頃から，音声記録も画像と同様に回転ヘッドを利用して行うという方式（ハイファイ化）が実現し，きわめて広い帯域で音声信号を記録できるようになりました。この方式ではカセットテープなどの従来の音楽用磁気テープをはるかに超える音質で記録できるようになっています。また，ステレオ録音や，主音声と副音声の 2 チャンネル録音ができるようになり，テレビジョン放送で開始された音声多重放送にも完全に対応できるようになりました。

　家庭用のビデオテープレコーダには，1970 年代から 1990 年代にわたって 2 つの方式の激しい競争が行われました。家庭用 VTR としては，1975 年にソニーがベータ方式の VTR，ベータマックスを発表したのが始まりです。翌年には，日本ビクターから VHS 方式の VTR，HR-3300 が発表されました。その後，VHS 陣営が優勢となり 2002 年にはベータ方式の VTR は生産を終了しました。その後，ハードディスクに録画する HDD レコーダの急速な普及，地上デジタル放送普及にともなう従来のアナログ TV 放送の終了（2011 年）などにより，VHS 方式 VTR も 2011 年にはパナソニックが生産を終了しました。

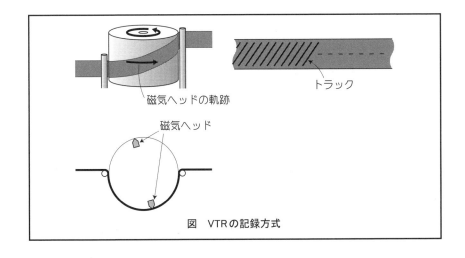

図　VTRの記録方式

2.7 電波の利用

電磁波は電界と磁界の振動が空間内を伝わっていく現象で,電波は1秒間に 3000×10^9 回以下の振動数(周波数)の電磁波のことを指します。それ以上の回数の振動をする電磁波は赤外線,光,エックス線,ガンマ線などに分類されます。

電波を利用した無線通信の始まりは,イギリスのマルコーニが1895年に行った2.4kmの通信実験でした。当時の通信は電波を断続させ,そのパターンによって文字を送るという方式でした。たとえば,Aは短い送信1つと長い送信1つの組み合わせで送られます。マルコーニは1896年に無線電信の特許をイギリスで取得し,1901年にはイギリスとカナダとの間の2,700kmの大西洋横断通信実験を成功させました。

遭難したときに救助を求める信号SOSは非常によく知られたものですが,これは1906年の第1回国際無線電信会議で定められました。実際にはじめて使用されたのはタイタニック号の沈没の海難事故の際であったということです。なお,SOSは1999年に廃止となり,代わって最新の技術によるGMDSS(全地球海上遭難安全システム)が用いられることになりました。GMDSSでは船舶の転覆などの際には,遭難信号発信機が海中の水圧を感知して,船舶から自動的に離脱,浮上して救難信号を人工衛星に向けて自動送信します。

AMラジオ放送で使われている中波帯は約500kHz(1kHzは 1×10^3 Hz)から1600kHzの間の約1.1MHzの幅に,たくさんの放送局が配置されています。FM放送では約76MHzから90MHzの周波数帯が使われます。携帯電話やスマートフォンには800MHz,1.2GHz,2GHzといった周波数帯が利用されています。

衛星放送では,さらに高い周波数が使われています。BSで12.092〜12.2GHz(1GHzは 1×10^9 Hz),CSでは11GHz帯が使われており,このような高い周波数では電波は光の性質に似てくるため,通り道に障害物があると遠くへは届かなくなります。

技術的な困難さにもかかわらずこのような高い周波数が使われるのは,ひ

とつには電波が使う帯域幅を広く取れるからです。高品質な画像や音声を送るためには，電波はある程度の幅を持ちます。そのため隣り合う周波数を使う放送では間隔を離さなければなりません。高い周波数を使うと十分な間隔を取ることができるようになります。周波数帯が低いと，広い帯域幅を確保できなくなり，情報量の多い放送を行うことができません。

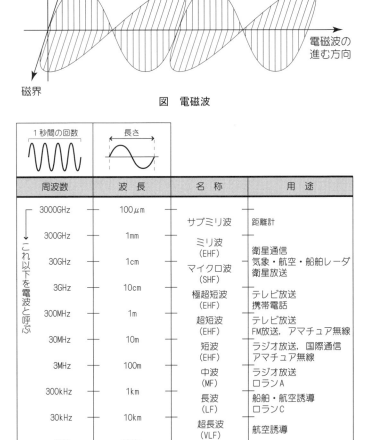

図　電磁波

図　電波の利用

2.8 携帯電話

　携帯電話は，手軽に利用することのできる小型軽量の安価な電話として爆発的な普及をしました。世界的に見ても 1991 年に全世界で 1,500 万人程度であった携帯（移動式）電話加入者数は，2002 年には 10 億人以上にも膨れ上がっています。国別でも 2003 年には中国が 2 億人以上，日本が 8,000 万人台，韓国 3,000 万人台などで，普及率では台湾，フィンランド，香港，アイスランド，オーストリア，イタリア，スウェーデン，ノルウェーは 70％を超えています。さらに 2004 年末には中国が約 3 億人，アメリカが約 1 億 8,000 万人，インドが約 1 億人，日本が約 8,600 万人などとなっており，急速に普及が進みました。

　携帯電話のような移動電話は音声を運ぶために電波を利用します。小型軽量が求められる携帯電話の特性と，同じ周波数を使用している他の携帯電話との混信，干渉を防ぐという観点からその電波はあまり強くすることができません。そこで移動電話からの電波出力を小さくしても通信が可能な**セルラ方式**が考案されました。移動電話のことを英語では Cellular Phone（セルラホン）と呼ぶことがよくあります。このセルラというのは蜂の巣状の六角形の区画を表す言葉で，セルラ方式では移動電話からの電波を受信する固定局をかなり細かく設置し，固定局がカバーする範囲（ゾーン）を蜂の巣状のセルに区分けして，移動電話がそのセルの中にいる間は移動電話との電波のやり取りを担当し，移動電話がセル外へ出てしまったときには隣のセルに役割をバトンタッチ（ハンドオーバ）します。

　通信エリアを細かく分割して移動電話との通信を行うセルラ方式では，基地局 1 局で通信を行う方式と比較して次のような処理が必要となります。

- ・移動電話の位置を検出する
  どのセルの中に移動電話が入っているかを調べる。
- ・使用する周波数を指定する
  その移動電話が通話に使う周波数を指定する。

・呼び出しと接続
　そのゾーン内の移動電話の中から該当するものを呼び出し，指定された周波数を使って回線を接続する。
・ゾーン変更の検出
　現在通話している移動電話が，他の隣接ゾーンへ移動しようとしていないか調べ，他ゾーンへ移動中であればゾーン変更の処理（ハンドオーバ）を行う。

サービス開始当初の携帯電話システムのセル半径は 5km でしたが，その後 1986 年からはセル半径を 3km にした方式も用いられてます。セルの半径を小さくすると固定局はたくさん必要になりますが，同時に利用可能な移動電話の台数も増加するためです。携帯電話の基地局の出力は 0.5W から 30W，使用周波数は 800MHz 帯および 1.5GHz 帯で，基地局のセル半径 500m から数 km，移動局（携帯電話）の出力は 0.8W 以内となっています。

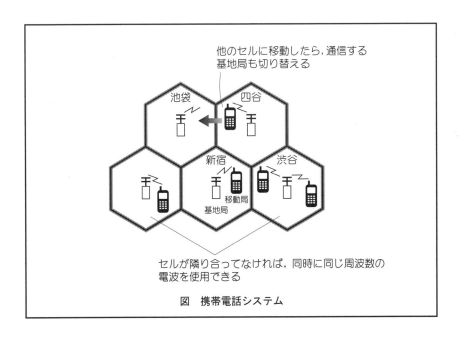

図　携帯電話システム

2.9 スマートフォン

スマートフォンの定義には明確な定めがあるわけではありません。タッチパネルで操作できる，電話機能を持った小型の携帯可能なコンピュータをスマートフォンと呼ぶと考えてもよいでしょう。スマートフォンの登場前には日本では多機能の携帯電話が普及しました。このタイプはフィーチャーフォンと呼ばれます。

● 初期のスマートフォン

1996 年に発売されたフィンランドのノキア社の Nokia 9000 Communicator は携帯電話の形状の本体を開くとキーボードが現れるという構造で，スマートフォンの元祖とも言えるものです。カナダのブラックベリー社の BlackBerry は 2002 年には音声通話と Web 閲覧機能を持った情報端末として販売されており，初期のスマートフォンの代表的なものです。2010 年ごろまではかなり利用されていました。その後 Apple 社の iPhone が 2007 年に発売されると，タッチパネルでの直感的な操作が大きな人気を得ました。それまでのタッチパネル機能を持った機器ではシングルタッチ（1ヵ所の位置読み取りのみ）でしたが，iPhone ではマルチタッチに対応しました。2008 年には T-Mobile USA 社から T-Mobile G1 が発売されています。OS に Android を採用した最初のスマートフォンでした。

2007 年に発売された iPhone は，メールソフトや Web 閲覧ソフトは搭載されていましたが，まだ GPS 機能はなく，追加のアプリケーションを入れていくこともできませんでした。しかしタッチパネルの斬新な操作性が受け入れられ急速にシェアを伸ばしました。翌年には OS に Android を採用したスマートフォンが発売され，市場の活発な競争が始まりました。

スマートフォンは携帯機器なので通常のコンピュータとは異なる特性が求められます。それらは，小型軽量，小消費電力，少ないメモリでも動作する，といった点です。小型軽量化については，画面の大型化と相反する面があり

本体の厚みを薄くする，本体外装の材質を軽く丈夫なものにするなどの工夫が常になされています。また，内部の部品の量を減らすために SoC と呼ばれるタイプの半導体部品が使われます。

　従来のコンピュータ機器は中心となるマイクロプロセッサと，その他の周辺 IC などでシステムが構成されていました。たとえば，電話機能を実現するためにはそのための IC も必要でした。しかし，1 つの IC チップにプロセッサと周辺機能のための回路をまとめてしまう手法が広がりました。これにより回路の小型化，コストダウン，動作の高速化，低消費電力化などが実現できるようになりました。スマートフォン用途の SoC の場合は，計算・制御のためのプロセッサの他に画面表示のためのグラフィックプロセッサ（GPU）や電話通信機能のためのモデム，WiFi 通信機能などを 1 つのチップに内蔵します。スマートフォンの性能を左右する部品であり，アメリカの QUALCOMM 社が Snapdragon という SoC で高い評価を得ています。

● バッテリ

　携帯機器の小型軽量化の重要な要素は充電可能な電池，バッテリです。現在，多くの携帯機器にはリチウムイオン充電池が用いられています。これは従来のニッケル水素電池などに比べて軽量で，しかも体積あたりの電気エネルギー蓄積量が大きいので，小型でありながら長時間使用できるバッテリを作ることができます。スマートフォンの高機能化，画面の大型化などにともなって消費電力は多くなっているので，バッテリも大容量化しつつあります。そうした状況の中，バッテリの中には大きなエネルギーが蓄えられているので，発熱や発火などの事故が起こることがあり，利用者の注意も必要になっています。

2.10 CDMA方式

アナログ方式携帯電話を第1世代，デジタル化された携帯電話を第2世代，その後の 2M ビット/秒程度の高速通信速度を実現する携帯電話を第 3 世代（3G），さらに高速大容量通信が可能となる技術を使用した第 4 世代（4G），そして遅延のない高速通信を実現する最新の規格を第 5 世代（5G）と呼んでおり，通信技術の進歩が進んでいます。

第 2 世代携帯電話の規格は，1993 年から始まった PDC（Personal Digital Cellular）と，1999 年から始まった CdmaOne です。

3G は日本では 2001 年 10 月より，NTT ドコモが FOMA という名称で IMT-2000（W-CDMA）のサービスを開始しました。W-CDMA は地上設備部分の方式としてはヨーロッパで広く使われている GSM 方式に基づいたものとしています。

第2世代の PDC では，電波を利用するときには TDMA（時分割多元接続）方式を使用し，同一の周波数を時間によって細かく分けることにより複数の移動局が同時に利用できるようにしています。同じ 2G でも CdmaOne では CDMA（符号分割多元接続）方式を使います。CDMA の技術に関しては，アメリカのクアルコム社（QUALCOMM Inc.）が重要な部分の特許を所有しています。この方式では，各チャンネルは同じ電波を使い，それぞれの移動局の信号を個別の符号（拡散符号）を用いて送信します。このときの電波は帯域幅の広い（1.25MHz 幅）電波となります。受信側では送信時に使った符号を使用して元の信号に戻せば，特定の信号だけが得られ，同じ周波数の電波であっても他の信号は無視することができます。このような通信方法をスペクトラム拡散方式と呼びます。

CDMA 方式では，(1) ビルなどに電波が反射してから受信されるマルチパスの干渉によって生じるフェージングと呼ばれる電波障害に強く，(2) 弱い電波でも通信が行えること，(3) 情報を送る量（ビットレート）を自由に変化させ必要に応じて高速データ通信を行えること，(4) 基地局が切り替わるハンドオーバの際に通信が途切れないこと，などが特徴です。PDC 方式で採

用しているTDMAでは，マルチパスによって生じる経路が異なる受信電波は，相互に干渉して正常な受信の妨げとなってしまいます。またスペクトル拡散方式では，同時に通話するユーザの数が増加するにしたがって，徐々に音質が低下するという特性があります。

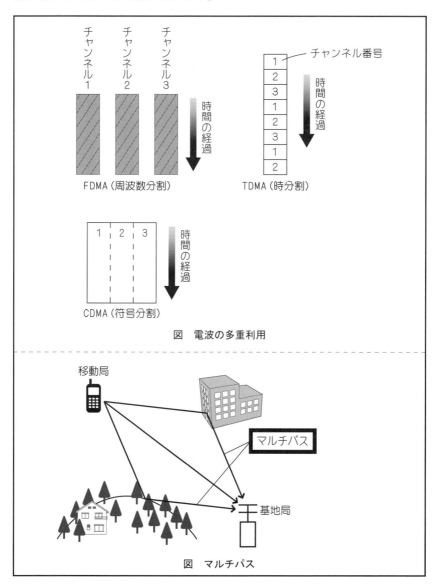

図　電波の多重利用

図　マルチパス

2.11 人工衛星の利用

大西洋を越えての生中継が人工衛星によってはじめて行われたのは 1965 年のことです。この当時の人工衛星はインテルサット 1 号で，放送衛星ではなく通信衛星でした。通信回線の一部を使用してテレビジョン放送の信号を送ったのです。

放送衛星の電波の周波数は，BS-1 チャンネルの 11.7GHz から BS-15 チャンネルの 12.0GHz までが使用されます。ラジオの AM 放送の周波数帯の中心は 1000kHz 付近で，GHz 単位で表すとわずか 0.001GHz ですから，BS は AM ラジオ放送の 1 万倍も高い周波数を使用していることになります。

高い周波数を使用することのメリットは，電波の帯域幅が広く取れる点です。帯域幅が広ければ，電波に多くの情報を乗せて送ることができます。BS はチャンネル間隔が 0.01918GHz となっており，広い帯域幅を取っても他のチャンネルへの干渉は起こりにくいのです。

その他に，電波の周波数が高くなると電波の性質は光に近づくため，一定の方向のみに集中して送信することが容易になります。そのため，自国の範囲内のみに電波を照射し，他国への不要な電波の漏れ（スピルオーバ）を防ぐことができます。

なお，放送衛星は通常，静止衛星軌道を飛んでいます。静止衛星軌道とは，地球が自転するのとまったく同じ周期で地球を回る軌道のことで，地上から見ると静止衛星軌道上の人工衛星は，常に上空の同じところにとどまっているように見えます。この静止軌道は赤道上空 3 万 5,800km の位置にあります。地球の半径が約 6,400km であることを考えると非常に遠方に位置していると言えます。

● GPS

GPS（Global Positioning System）は，1970 年代後半より開発されてきました。このシステムでは地上約 2 万 km の高度を 24 個の人工衛星が周回します。それぞれの衛星からは 1.2GHz と 1.5GHz の電波が発射されています。

比較的高い軌道で，しかも多くの衛星が周回しているために，地上のどこからでも4個以上の衛星からの電波を受信することが可能となります。

　GPSを利用して位置測定を行うためには，まず1つの衛星からの電波到達時間を測定することで衛星からの距離を求めます。この計算結果は衛星を中心とした球になります。もう1つの衛星からの距離から別の球を計算し，先の球との交わりの部分の円を求めておきます。さらに3番目の衛星からの距離を表す球と円との交点が現在位置となります。さらに，正確な現在時刻を知るために4つ目の衛星からの電波を受信することで，精度の高い3次元位置決め（地図上の位置と高度の決定）を行うことができるようになっています。

● 準天頂衛星「みちびき」

GPSでは4つ以上のGPS衛星が上空にあり，その電波を受信できれば正確な位置の計算ができますが，ビルの谷間などでは十分な数の衛星をとらえられない場合があります。そこで日本政府は，GPSを補完する人工衛星システム「みちびき」を打ち上げ，準天頂衛星システムと呼んで4つの人工衛星で2018年から運用を開始しています。

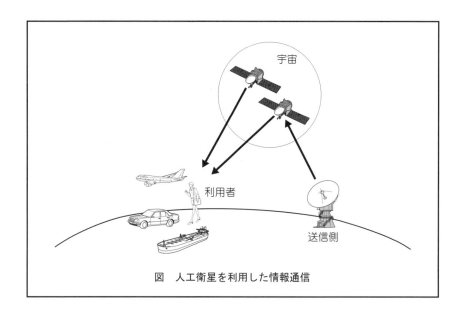

図　人工衛星を利用した情報通信

2.12 地上デジタル放送

2.7 節で述べたように，電波は通信や放送などに使われていますが，使える電波の周波数の範囲には限りがあり，さまざまな形態の放送や通信の普及によって使用できる周波数には余裕がない状況になっています。情報技術の急速な発展につれて，従来はなかった新しいサービスが行えるようになってきましたが，そのためには新しいサービスが利用する電波の周波数を割りあてねばなりません。そこで従来の地上波 TV 放送をデジタル化して電波を効率的に利用することで，使用する周波数を減らして UHF 帯に統合し，これまでの地上波 TV 放送のうち VHF 帯や UHF 帯の高周波数部分の電波を他の用途（デジタル音声放送など）に転用することになりました。またデジタル化により，高画質化，多チャンネル化，データ放送，スマートフォンなどの移動端末向けの放送などの新しいサービスが可能となります。

地上デジタル TV 放送は 1998 年にイギリスで最初に開始され，2015 年には 39 の国と地域で実施されています。日本では 2003 年 12 月に関東圏・中京圏・近畿圏の三大都市圏での放送が開始され，順次，他地域での放送が開始されました。切り替えのために 2011 年までは従来のアナログ放送とデジタル放送が混在する形をとりつつ，チャンネル変更によってアナログ放送をすべて VHF 帯に移行するなどの作業が行われ，2011 年以降はアナログ放送は完全に停止することが政府により定められました。

デジタル放送では，従来のアナログ放送と同一の画質であれば 1 チャンネルに 3 つの放送を乗せることができます。また，高画質放送 1 つと通常画質放送 1 つの組み合わせも可能であり，柔軟に電波を利用することができます。また，デジタル放送の大きな特色として，アナログ放送においてよく発生していた「ゴースト」をなくすことができる点をあげることができます。ゴーストは TV 映像がずれて二重に映し出される現象で，TV アンテナに届く電波が別の経路を経て入ってくることにより発生します。電波塔から送信される TV 放送の電波は，直接受信アンテナに入ってくるものの他，ビルなどの建物や山などによって反射された後に受信アンテナに届く電波もあります。

このような反射波は，直接やってきた電波よりも長い経路を通ってきたために時間の遅れが発生し，直接受信した電波の映像が表示されたあとに遅れて反射波による映像が表示されることになります。信号の時間的な遅れは，TV画面上では右にずれることになり，反射波の映像が直接受信した電波の映像の右側に表示されて，2重の映像である「ゴースト」が発生します。デジタル方式では届いた時間が異なるデータであっても，元が同じものを集めることができるためにゴーストのない映像を表示することが可能となります。

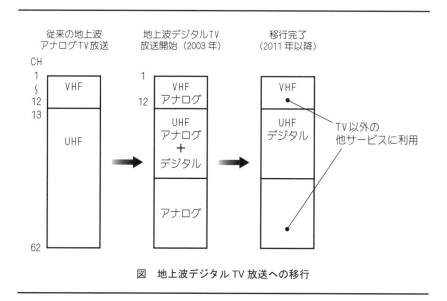

図　地上波デジタルTV放送への移行

2.13 自動車と情報技術

● エンジン制御

かつての自動車は，エンジンの点火時期制御，ブレーキ，ハンドルと車輪との制御まで，すべて機械的な仕組みで行っていました。電子制御が行われるようになったのは 1970 年ごろのことです。エンジン回転数，アクセルの状態，車速などの情報をセンサで読み取り，点火タイミングを変化させる制御をコンピュータで電子的に行う方法が開発され，現在ではこの方法が自動車のエンジン制御の主流となっています。高性能化とともに，排ガス規制のクリアや，燃費の改善にも効果を発揮しています。

自動車内はエンジンの点火プラグや，エンジン始動およびバッテリ充電用の発電機などから発生する強い電気的な雑音が存在しています。一方，コンピュータはこのような電気的な雑音に弱く，開発当初はその対策が大きな課題の 1 つでした。故障や誤動作は徹底的に研究され，現在では安定したエンジンの電子制御が行われています。

● ギアやブレーキ制御

今日では，自動車のギア比制御は，自動的に行われるオートマチック方式が主流です。ギア比の制御はエンジンの回転数とアクセルの踏み込み具合，自動車の速度によって決定されます。燃料効率をよくしたい場合には，やや遅い速度でも早めに上位のギアに切り替えたほうがよいし，機動性を重視するならば下位のギアで走行する速度範囲が広いほうがよいのですが，このような判断は従来は人間が行うしかなく，スイッチにより燃料効率重視か機動性重視かを切り替える機構が付いているものもあります。しかし，現在では自動車がどのような状態で走行しているのかを，エンジンの回転やアクセルの状態と速度の変化を常に計測することによって判断し，登坂中であるならば上位のギアに切り替えるタイミングを遅らせるような機能を持たせた自動車もあります。

ブレーキ操作に関しては，アンチロックブレーキシステム（ABS）が多くの自動車に採用されるようになっていますが，これも車輪の回転とブレーキペダルの踏まれ方を計測し，もしブレーキ操作により急に車輪の回転が

停止した場合には，急ブレーキをかけたことによりタイヤがロックされたと判断し，タイヤが回転を維持する限界まで自動的にブレーキをゆるめるようなシステムをコンピュータにより構成しています。

● 自動運転への試み

コンピュータによる画像処理技術，パターン認識技術などの進歩によって自動運転機能が実現性を帯びつつある段階となっています。ただ，自動運転を行う場合のコンピュータは基本的にはあらかじめ入力されているパターンに当てはまる状況での対応を行うことはできるが，予測されていない出来事に対する対応はできない場合があるものと考えられ，実際の自動車の走行において，他の車両，歩行者，動物，飛来物などの動きやカメラなどへの映り方によっては，不適切な運転を行ってしまうような事態も考えられます。現時点では，高速道路などの他の物体の出現が限られる環境下で，カメラに対する視界がよい場合に，人間がいつでも運転を引き継げるようにした状態での自動運転が可能という状況と言えます。法的にも事故が起こったときの責任の所在は誰にあるのか，などの議論が必要な面もあります。日本政府の内閣官房は，自動運転のレベルを SAE J3016 として5段階に定義しています。レベル0の運転自動化なしのレベルから，レベル5の完全運転自動化までに分類しています。レベル1は運転操作の一部を制御システムが支援するもので，アクセル操作（前の自動車について走る），ハンドル操作（車線からはみ出さない），ブレーキ操作（自動ブレーキ，急発進防止装置）などを装備したものになります。現在ではこれらの機能はすでに多くの車に搭載され市販されています。

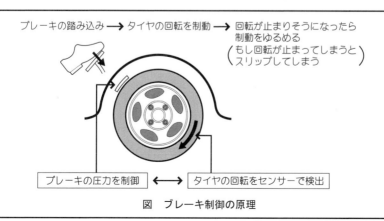

図　ブレーキ制御の原理

2.14 eコマース

　ネットワークを利用して，商品やサービスの売買契約や代金決済などを行う取引形態はeコマース（**電子商取引**）と呼ばれます。eコマースの代表的な形態はインターネット上でWebサイトを構築し，Webページ上で商品などを紹介し，注文をネットワーク上で受けて，商品を消費者のもとへ配送業者により届け，代金は銀行振込やクレジットカード，配送業者の代金引換サービスなどによって決済するといったものであり，現在では非常に多くみられるようになりました。インターネットが普及する以前であれば，小売業を開業しようとする場合は立地条件のよい店舗を用意して開店し，在庫商品を保管するスペースなども確保する必要があり，大きな資金があらかじめ必要でしたが，eコマースでは店舗を持つ必要はなく，商品在庫すら必ずしも必要としません。商品はWebサイト上で写真を掲示し，注文を受けてから実際にメーカや問屋に商品を手配し，直接消費者に配送することも可能であるためです。したがって，eコマースにおけるオンラインショップでは品揃えには，売り場面積や倉庫容量による限界はないとも言えることになります。

　eコマースは取引を行う主体によって，次のように分類される場合があります。企業同士の取引の場合，「B to B」(Business to Business)，企業と個人消費者間の取引の場合「B to C」(Business to Consumer)，個人消費者間の取引の場合「C to C」(Consumer to Consumer)と分類します。

　B to Cの代表例であるWebサイト上のオンラインショップでは，高機能の商品検索機能を持つ場合も多く，また，Webの特性上商品に関する情報はきわめて容易に他のWebサイトからも入手できるため，消費者は価格をはじめとして商品の納期，決済方法などに関して複数のオンラインショップを比較することが可能となります。そうした消費者の商品比較行動をさらに容易にするサービスをビジネスモデルとした成功例も「価格ドットコム」をはじめとしていくつも挙げることができます。

　一般的なeコマースのWebサイトは，Webブラウザで接続してくるクライアントにWebページのデータを送信するコンピュータであるWebサーバ上

に，オンラインショップのシステムを構築します。このシステムには Web ペ
ージデータを送信する機能の他に，商品検索データベース，ショッピングカ
ート，代金決済方法の入力とクレジットカード認証などの機能が通常組み込
まれています。商品在庫を管理するデータベースと通信し，在庫数や納期な
ども表示し，商品の送り先に合わせて送料を計算する機能なども含みます。
こうした機能はサーバーサイドのシステムと総称され，Web サーバ上で動く
プログラムが処理を行うようになっています。こうした機能を構築するため
に使用されるプログラミング言語としては，PHP, Java（Java サーブレット
や Java Server Page），Perl, Active Server Pages などが代表的です。

● CMS（Content Management System）

CMS（コンテンツマネージメントシステム）は，Web サイトに表示するテ
キストや画像などの作成を容易にしつつ統合的に管理し，操作を支援する
システムの総称です。大規模な Web サイトの構築と管理運営には多大な労
力を必要としますが，こうした作業をソフトウェアによって簡易化し，ネ
ットワークなどの専門的な知識を必要とせずに作業を行えるようにする
ためのシステムです。いわゆる「ブログ」（weblog）も CMS の 1 種です。
また，オンラインショップを構築するための CMS もあり，「Zen Cart」な
どがオープンソースソフトウェアとして公開されており，これを利用する
ことで比較的容易にオンラインショップを作ることもできるようになっ
ています。

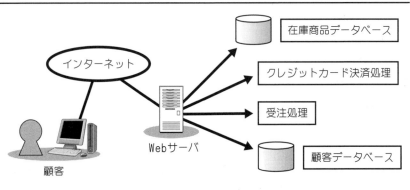

図　オンラインショップの構成例

2.15 医療と情報技術

けがや疾病の診断を行うためには，各種の検査が必要になります。検査の精度を上げて小さな異常も識別できるようにしたり，患者の身体にかかる負担を少なくしたり，あとで検査結果が再び必要になった場合にもすぐに取り出して利用できるようにするといった多くのメリットが，情報技術を用いることにより実現されています。

● CTスキャン

通常のレントゲン（X線）写真では，人体内部の立体的な情報は得られません。CTスキャンでは体の多くの位置からX線による撮影をし，それら多数の情報をコンピュータにより合成することによって，3次元での体内の情報を提示することができます。

● 画像処理

レントゲン写真などで診断するとき，人間の目では認識しにくいような微妙な差異を，コンピュータによる画像処理で鮮明にすることができる場合があります。さらに近年ではコンピュータにより画像解析を行うことで病変部の発見を行うなどの技術が開発されています。

● 心電図などの自動監視システム

容態の変化が起こらないかどうかを，常に人間が監視し続けることは困難です。心電図や血圧などの状態をコンピュータがセンサから読み取り，設定した範囲を超える変化が生じた場合には，警告を出すなどの機能を持ったシステムが利用されています。

● 遠隔医療診断システム

高度な設備と専門医の配置された大病院と，小規模の診療所などをコンピュータネットワークで結び，診療所の患者の検査データなどを大病院側へ送信し，専門医が充実した設備を用いて診断するものです。必要ならば，応急的な処置を指示したりすることもできます。また，大病院への患者の移送が必要かどうかの判断などを行い，手遅れにならないようにし，ある

いはむだな移送が行われないようにすることも可能となります。

遠隔医療システムの実現のためには，特に検査結果をデジタルデータとして送信できる機能が必要とされます。レントゲン写真，心電図などの画像を高解像度で送信し，さらに場合によっては患者の様子をテレビカメラで撮影した動画を高解像度で高速に送信できなければならない場合も考えられます。このような高解像度の画像や動画はデータ量が膨大であるため，高速で安定した回線の確立が必要ですが，FTTHといった高速ネットワークの普及により，実用化が進んでいます。

このような遠隔医療診断システムが発展，普及すれば，家庭と病院との間での在宅医療システムも可能になるものと考えられます。

● 診療履歴管理システム

1人の患者が複数の医療機関で治療を受けている場合，医療機関相互の情報交換がないために複数の薬を服用することによる副作用などの障害が生じる可能性があります。このような問題に対して，ICカードに個人の診療記録などを記録して，医療機関相互の情報交換を行い，適切な投薬を行うなどの試みが行われています。

患者は各自が1枚のICカードを所持し，病院や薬局ではこのICカードに診療履歴や投薬履歴を記録します。体質などの個人情報も記録されており，使用してはならない種類の薬品などもわかるようになっています。医師や薬剤師はICカードの情報を参照し，現在受けている治療や服用している他の薬品などを考慮して治療や投薬を行うことができ，それらの履歴はさらにICカードに記録されます。ICカードは患者自身が携帯しているためにプライバシーの保護の点では比較的安全です。

2.16 バーチャルリアリティ

　バーチャルリアリティ（仮想現実感）とは，コンピュータで表現されたイメージを現実感を持って感じることができるようにする技術です。ゲームソフトウェアにはバーチャルリアリティの機能を持つものもあり，そのようなゲームでは，まるで自分が別の世界に入り込み活動しているかのような感覚を与えてくれます。視覚的に現実感を出すためには，表示された画像の立体感が必要となります。通常のコンピュータ用ディスプレイを用いる場合には，次のような技術を用いて現実感のある表示を行うことができます。

● テクスチャマッピング
　テクスチャマッピングは，表示されている立体の表面に模様（テクスチャ）を付ける機能です。画面上の物体に対して金属のような質感を出したりするためには，その表面に微細な模様を表示させる必要があります。立体が移動した場合には，テクスチャの方向もそれに合わせて変化させます。

● シェーディング
　シェーディングは，立体に光があたっている場合，光の方向に合わせて陰影を付ける処理です。立体が移動すれば影ができる位置も変えなければなりません。また，光の方向が変化する場合もあります。たとえば，立体が電球の周りを移動するという状況を表現するときには，影の方向や長さを変化させなければなりません。

● フォッギング
　フォッギングは空間内に霧が立ち込めているような状態を表現します。霧の立ち込めた空間内という設定であれば，奥にある物体ほど，かすんだように表現します。

● パースペクティブ・コレクション
　パースペクティブ・コレクションは，3次元表示された物体の奥行きによって，表面に表示するテクスチャの模様を自動的に拡大・縮小する機構です。単にテクスチャを立体の表面に表示するだけでなく，遠近に合わせて拡大・縮小します。

視差を利用して立体的に見せる方法もあります。人間が物体までの距離を知る際には，右目で見る像と左目で見る像にどのくらいの差があるかを利用しており，これを**視差**といいます。視差を利用した装置として次のようなものがあります。

● **ヘッドマウンティッドディスプレイ**（Head Mounted Display：HMD）
HMDはゴーグルのような形状で，コンピュータからは，右目用と左目用の画像信号を別々にHMDに送ります。その信号は遠くにあるものについては左右の差を小さくし，近くのものは左右の差が大きくなるように作成されており，左右の目でそれぞれの画像を見ると立体感が得られます。

● **液晶電子シャッター式ゴーグル**
ゴーグルに液晶による電子シャッターを組込み，シャッターの制御をコンピュータ側から行います。立体的に表示したい画像は右目用，左目用別々に用意しますが，1台のディスプレイで30分の1秒ごとに切り替えて表示し，右目用の画像が表示されている間は，ゴーグルの左目は閉じ，左目用の画像が表示されている間は右目のシャッターを閉じます。これによって右目，左目で異なる（すなわち視差のある）画像を見ることになるので，立体感が得られるのです。

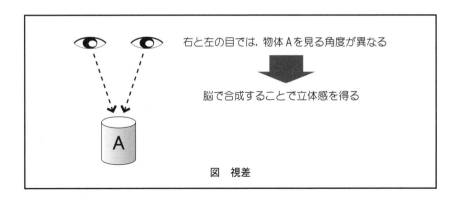

図　視差

2.17 IoT

　身のまわりのいろいろなものがインターネットにつながり，相互にデータをやり取りしながら計測，制御などが可能となる状況を Internet of Things（IoT）と呼んでいます。人と人が相互に情報をやり取りして活用していくというインターネットの利用形態は大きく普及してきました。そして次のステップとして機器同士が相互に直接通信して，新しい利用方法を作り出す IoT が広がってきています。IoT という言葉は，ケビン・アシュトンが 1999 年の講演で使ったのが始まりと言われています。

　今やインターネット上には，人間の手では処理しきれないほどの大量のデータが存在しています。これらをコンピュータが相互に，あるいは機器から得られるセンサー情報などのデータをコンピュータが自動的に取り込み，処理することが必要になってきているのです。インターネット上の大量のデータをビッグデータとも呼びますが，こうしたビッグデータの処理はもはや人間が 1 つひとつ処理していくことは不可能であり，IoT という形のネットワーク構造の中でコンピュータが直接収集と処理を行っていくことが求められています。

　1990 年代に，あらゆるところにコンピュータが埋め込まれ，それらがネットワークともつながって，あらゆる場所であらゆるモノがネットワークにつながり，高い利便性を得られるようになる仕組みをユビキタスコンピューティングと呼ぶようになりました。ユビキタスはラテン語で，いたるところに存在する（遍在）という意味です。

　ユビキタスコンピューティングも，IoT とほぼ同じ意味を持つ言葉と考えられます。これまでのコンピュータの利用形態の歴史では，メインフレームコンピュータの時代（複数人数で 1 台のコンピュータを使用）から，パーソナルコンピュータ（PC）の時代（1 人 1 台）へと移り変わってきましたが，IoT の時代には 1 人あたり何台という考え方はもはや時代遅れとなり，無数のいろいろな形のコンピュータが相互に通信を行っていく時代へと移り変わっていくことになります。

ネットワークへのアクセスに使う機器は，PC やスマートフォンだけでなく，冷蔵庫，電子レンジなどの家電製品，自動車，自動販売機など，あるいはウェアラブル端末と呼ばれる超小型コンピュータを衣服などに取り付けたものも考えられています。これらの情報端末間はケーブルではなく，無線ネットワークで接続されることになるでしょう。

ユビキタスコンピューティングにおいては，IC チップなどを識別したりネットワークに接続して通信したりするためのコンピュータも，携帯できるような形状と重さである必要があります。そして，最近ではより軽量小型なリストバンド型やメガネ型の製品が発表されています。

● **自動運転技術と IoT**

IoT と自動運転技術は密接に連携できるものと考えられます。各車両に行き先，現在の位置，速度などの情報をネットワークに送信するセンサを配置し，道路上にも通行車両や歩行者の状況を感知するセンサを配置します。これらの情報を相互に利用することで，単に自立した自動運転ではなく，外部の要素をあらかじめ知ったうえで運転できる自動運転システムが可能になると考えられ，研究開発が進められています。

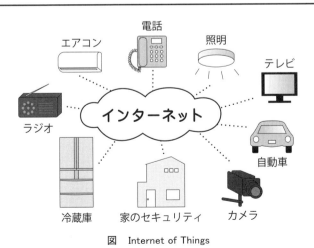

図　Internet of Things

2.18 コンピュータウイルス

コンピュータウイルスは，大きな社会問題となっています。それ自体はコンピュータ上で動くプログラムですが，悪意ある人間により製作されたもので，その目的はコンピュータの動作を妨げたりコンピュータの利用者を驚かせるといったものです。外部から侵入したウイルスプログラムは自分自身の複製を作り，さらに他のコンピュータに次々に侵入していくような仕組みが組み込まれています。このような特徴を持ったプログラムを，生物界のウイルスに例えて**コンピュータウイルス**と呼んでいます。

コンピュータウイルスに感染したコンピュータでは次のような症状が発生することがありますが，ウイルスプログラムがどのような動きをするように作られているかによって多種多様です。

- コンピュータの起動時に異常な表示が現れる。
- コンピュータが起動しなくなる。
- 記録されているファイルの内容が書き換えられたり，削除される。
- 記憶装置内のファイルが勝手に増えていく。
- ソフトウェアの起動が遅くなる。
- 特定の日付や曜日になると，上記のような状態になる。
- パスワードなどの情報を特定のネットワークアドレスのコンピュータに勝手に送信してしまう。
- コンピュータウイルスを含む電子メールを勝手に他のコンピュータに送信する。

■ コンピュータウイルスのタイプ

● ファイル感染型

実行可能なプログラムファイルの一部を書き換え，自分自身をそのプログラムファイルの中に組み込んでしまうタイプです。

● ブートセクタ感染型

ハードディスクには，コンピュータの電源が入った後，最初にコンピュータを起動させるためのブートプログラムが書き込まれた**ブートセクタ**という領域があります。このブートプログラムを書き換えて自分自身を組み込むタイプです。

● マクロ感染型

ワードプロセッサや表計算ソフトウェアなどのアプリケーションソフトウェアの中には，文書ファイルやデータファイルの中にある種のプログラムを組み込み，いろいろな作業の自動化を行えるようなマクロ機能を持つものがあります。マクロ感染型ウイルスは，特定のアプリケーション用の文書ファイルやデータファイルの中にマクロプログラムとして組み込まれています。

● トロイの木馬型

通常の機能を持っているプログラムのように見せながら，実際にはコンピュータに障害を引き起こしたり，パスワードなどを盗み出すタイプです。通常は自己複製しないものを特にトロイの木馬型と分類しています。

さらに，コンピュータネットワークから直接侵入するコンピュータウイルスが見られるようになっています。Windows などのオペレーティングシステム（OS）が持っているネットワーク関連の機能の中にある弱点（脆弱性）を利用して，ネットワークから直接コンピュータに感染するように作られています。OS のメーカなどはこの脆弱性を補完するためのソフトウェア（パッチ）を公開し対処していますが，すべてのコンピュータでユーザがこのパッチを適用しているわけではないため，この種のウイルスによる被害も頻繁に発生しています。

第2章 演習問題

(1) マイクロプロセッサが直接理解できる種類の命令をなんと呼ぶでしょうか。

(2) 平均すると2週間に1回の割合で故障する装置があり，修理には平均5時間かかるとすると，稼働率はいくらになるでしょうか。

(3) 30分間のモノラル音声を22,050分の1秒ごとに8ビットの帯域幅で記録すると，何Mバイトのデータになりますか。

(4) ビデオテープレコーダのテープ走行速度はオーディオカセットよりも遅いのに，磁気ヘッドがテープ上に磁気記録していくときのヘッド相対速度ははるかに速い。この仕組みを簡単に説明してください。

(5) 録音ができるMDプレーヤは再生専用機よりも本体が厚くなります。この理由を説明してください。

(6) 光と電波は同じ電磁波ですが，何によって区別されますか。波長が短いとどのような特徴がありますか。

(7) IoTのIとTはそれぞれ具体的には何を表していますか。

(8) コンピュータウイルスによる被害を防ぐためには，どのようなことに注意をするべきでしょうか。

第3章

データの形式と応用

　情報を活用するためには，データの形式やその利用方法についての基本的な理解が必要です。暗号化などの技術も情報化社会の進展にともなって重要度を増しています。
　本章では，データの各種の形式，暗号などの基本的な情報理論について述べています。

3.1 標準化機構

　一般に工業製品は他のメーカの製品でも共通に使えるように，標準規格を定めることが望ましいのです。情報・通信分野でも，他との情報のやり取りをするためには，接続部分などを標準化しておかなくてはなりません。

　インターネットが普及し，情報の流れが国際的となった今日では，こうした標準化作業は1つの国だけで行っていたのでは意味がありません。そこで国際的な組織が作られ，標準化の作業に関して活動しています。また，標準化案が最終的に規格として成立し，制定されるまでにはかなりの時間がかかる場合も多いため，いくつかの企業で合意した規格を用いて製品を作ることもあります。このような業界規格が広く普及した場合には，事実上の標準（**デファクトスタンダード**）と呼ばれることがあります。

　国際的な標準化組織には次のようなものがあります。

- ISO（国際標準化機構）
- IEC（国際電気標準機構）
- ITU（国際電気通信連合）

　アメリカ国内にも標準化の組織が存在し，国際的に強い影響力を持っています。

- ANSI（アメリカ規格協会）
- IEEE（アメリカ電気電子学会）
- EIA　（アメリカ電子工業会）

　日本国内では，情報通信部門の標準化は主にJIS（日本工業規格）で定められています。

● SI 単位

　科学技術の分野では，いろいろな事象の性質を数値で表す際に各種の単位を用います。物事の性質，たとえば重さを表す場合は，キログラム（kg）が基本単位として用いられます。単位は全世界で共通のものを使用するこ

とが望ましいので，1960年に**国際単位系**（SI）が定められました。

SIの基本単位および組み立て単位としては，下記左表のようなものが定義されています。

これらの単位は，現実に使用する場合には非常に小さい場合，あるいは大きい場合があり，ある値を表すときに，0.00000056s，30000000Ωなどと表すことになってしまうと扱いにくくなります。そこで，1,000分の1や，百万倍などの倍率を表す記号（接頭語）を単位記号の先頭に付加して，0.56μs，30MΩのような形式で表す方法が従来から行われています。情報技術の世界では非常に大きな値や小さな値を扱うことが多く，よく使われる接頭語の意味は把握しておく必要があります。

表　SI基本単位と組み立て単位

量	単位の名称	単位記号
長さ	メートル	m
質量	キログラム	kg
時間	セコンド	s
電流	アンペア	A
温度	ケルビン	K
物質量	モル	mol
光度	カンデラ	cd
周波数	ヘルツ	Hz
電圧, 電位差	ボルト	V
電気抵抗	オーム	Ω

表　SI単位系の接頭語

倍数	名称	記号
10^{15}	ペタ	P
10^{12}	テラ	T
10^{9}	ギガ	G
10^{6}	メガ	M
10^{3}	キロ	k
10^{2}	ヘクト	h
10	デカ	da
10^{-1}	デシ	d
10^{-2}	センチ	c
10^{-3}	ミリ	m
10^{-6}	マイクロ	μ
10^{-9}	ナノ	n
10^{-12}	ピコ	p
10^{-15}	フェムト	f

3.2 基数

　数値の各桁の重みを表す数を**基数**と呼びます。人間は通常は10進数表現を使い，コンピュータ内部では2進数表現が用いられています。人間が2進数をそのまま扱うのは桁数が多くなり不便なので，2進数との変換が容易で，しかも桁数が少なくてすむ16進数表現がよく用いられます。2進数の数値は16進数で表すと，2進数4桁がちょうど16進数1桁で表せるため扱いやすいのです。

● 2進数

　2進数では，使用する数字は0と1の2種類だけです。2進数を扱うための規則を**2進法**といいます。人間が通常使う10進法では，ある桁の値が10になると繰り上がりが起こりますが，2進法では2になると繰り上がります。

　10進数で435という数値について考えてみましょう。この数値の意味は，1（10の0乗）が5個，10（10の1乗）が3個，100（10の2乗）が4個あるということです。各桁は10の何乗であるのかを表し，各数字がその個数を表しています。このような表し方を重み付き総和と呼びます。

　同じようにして，2進数に対して各桁の意味を考えると，たとえば2進数の$1101_{(2)}$は，2の0乗が1個，2の1乗が0個，2の2乗が1個，2の3乗が1個あるという意味になります。つまり，

$$8 \times 1 + 4 \times 1 + 2 \times 0 + 1 \times 1 = 13$$

ということです。なお，2進表現の数値であることを明示するために，$1101_{(2)}$のように，右下にかっこを付けて2を表示して表す場合があります。

　10進数から2進数への変換は，整数部分については2で次々と割っていき，商が0になるまで繰り返し，余りを並べます。小数については2を繰り返し掛けていき，積の1の桁の部分を並べていきます。これを小数部分が0になるまで繰り返します。

● 8進表現，16進表現

8進数では，0から7までの8種類の数字を使用します。2進数3桁を8進数1桁で表せます。

16進数では0から9までの10個の数字と，A, B, C, D, E, Fの6個の文字を数字として使用します。2進数4桁を16進数1桁で表すことができます。Aは10，Bは11，Cは12，Dは13，Eは14，Fは15を表します。

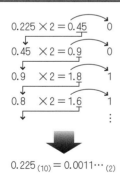
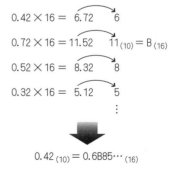

図　基数変換

3.3 補数

補数とは，ある数値を基準となる数値から引き算した結果の値です。コンピュータシステムの中では補数を使うことで，加算を行う回路のみで減算を行うことができます。一般には，r 進数では **r の補数** と **(r-1) の補数** の 2 種類があります。(r-1) の補数は，各桁の値を (r-1) から引いたものとなります。r の補数は，(r-1) の補数に 1 を加えたものです。

コンピュータ内部では，数値は 2 進数で処理されますが，負の数は「2 の補数」で表すことが多いのです。2 の補数は，元の 2 進数の各桁の 0 と 1 を入れ替えた数値（1 の補数）に，1 を加えて作ります。このようにして作った 2 の補数は，元の数と加算を行うと桁上げにより最上位桁が 1 となり，他の桁はすべて 0 となります。最上位の 1 を無視すれば，すべての桁が 0 となるので元の数との合計が 0 になることから，符号が逆になった数値と考えることができます。

実際に A－B の計算を行うときは，A に B の 2 の補数を加え，計算結果の最上位の桁上げを無視します。2 の補数を用いて正負の数を表す場合には，8 ビットの 2 進数では－128 から＋127 までの値を表すことができます。また，符号を考えないときは 0 から 255 までの値です。

コンピュータ内部では，数値データは一定の桁数の 2 進数として扱います。桁数としては，8，16，32 などであり，8 ビット，16 ビット，32 ビットのように 2 進数の桁を**ビット**と呼びます。また，8 ビットをまとめて 1 バイトとして扱います。数値は表現に使用する桁数によって値の範囲が決まります。一般に，n ビットの長さで表せる数値の範囲は，$-2^{n-1} \sim 2^{n-1}-1$ の範囲となります。このように，2 の補数表現では絶対値の大きさで比べると正の数よりも負の数の方が 1 だけ大きい数まで表現できます。

2 の補数表現を用いる場合，先頭の 1 ビットを調べるだけで，その数が正であるのか負であるのかを判断することができます。先頭ビットが 1 なら負，0 なら正と判断できるので，このビットを符号ビットと呼ぶことがあります。

補数の求め方（2進数）

1011₍₂₎　（元の数）
↓ 0と1を反転
0100₍₂₎　（1の補数）
↓ 1を加える
0101₍₂₎　（2の補数）

1011₍₂₎＋0101₍₂₎＝1̄0000₍₂₎
　　　　　　　　　└→ 桁上がり

10進数の場合

32　（元の数）
↓ 99－32
67　（9の補数）
↓ 1を加える
68　（10の補数）

32＋68＝1̄00
　　　　└→ 桁上がり

図　補数

表　8ビットで表現できる数値の範囲

10進数	2進数
－128	10000000
－127	10000001
－126	10000010
⋮	⋮
－2	11111110
－1	11111111
0	00000000
＋1	00000001
＋2	00000010
⋮	⋮
＋126	01111110
＋127	01111111

3.4 文字コード

文字や記号をコンピュータ上で扱うためには，通常，文字や記号1つひとつに番号を割りあてます。これを**文字コード**と呼び，いくつかの方式が使用されています。

● ASCII コード

8ビットの半角英数文字の表現コードとしては，ASCII（American Standard Code for Information Interchange）コードがもっとも一般的です。このASCIIコードは，厳密には8ビットのうち一番上位のビットは常に0で，7ビットだけを使用しています。ASCIIコードの使用を前提としたインターネット上での文字のやり取りは，7ビットだけがきちんと送信され，最上位ビットは0とみなされて処理されるようになっている場合があります。ASCIIコードは，国際規格であるISOコードとしても採用されています。

● Unicode

世界中のすべての文字を共通の方式で表現し，多国語の処理を可能にすることを目指して1991年に国際標準化機構（ISO）で標準化されました。世界の主要な言語のほとんどの文字が含まれていますが，中国語・日本語・韓国語で類似の意味や形を持つ漢字はすべて同じ文字として，同一の文字コードを割りあてました。後に異体字表現方式の策定が追加され，現在は32ビットのコードとして定義されています（UCS-4）。Unicodeで文字を符号化（番号を割りあてる）する方式にはUTF-8，UTF-16，UTF-32などいくつもの種類があります。UnicodeはLinuxやJava言語などの基本的なソフトウェア上で標準の文字コードとして採用されており，Linuxなどの内部コードとしてはUTF-16がよく使われています。

● JIS コード

JIS（Japanese Industrial Standards：日本工業規格）に定められた方式です。8ビットで英数字，特殊文字，半角カタカナ1文字を，16ビットで漢字1文字を表します。

JIS 漢字コードは，16 ビットの漢字コードとして JIS に定められた文字コードです。文字番号を表すために 16 ビットを使用しますが，8 ビットずつに分けた場合，それぞれの最上位のビットは常に 0 になるように文字コードが定められています。このような形式でコードを定めることにより，インターネットでの通信時にもそのままデータを送ることができます。

● **シフト JIS コード**

上記の JIS 漢字コードは，コンピュータ用英数文字コードとしてもっとも一般的な ASCII コードと混在する場合には，切り替えコードを挿入しなければなりません。シフト JIS コードは JIS 漢字コードをずらし，切り替えコードなしで ASCII コードと混在できるようにしたものです。特にパーソナルコンピュータ用に広く使われます。半角英数文字と漢字が効率よく処理できますが，8 ビットずつに分けた場合に，最上位ビットが 1 になるので，インターネット上での通信には，そのまま用いることはできません。

● **EUC コード**

オペレーティングシステムの 1 つである UNIX で用いられているコードです。アルファベットの 1 バイト系文字と漢字のような 2 バイト系文字の両方を扱えます。

		上位4ビット							
			0	1	2	3	4	5	6	7
下位4ビット	0	制御コード			空白	0	@	P	`	p
	1				!	1	A	Q	a	q
	2				"	2	B	R	b	r
	3				#	3	C	S	c	s
	4				$	4	D	T	d	t
	5				%	5	E	U	e	u
	6				&	6	F	V	f	v
	7				'	7	G	W	g	w
	8				(	8	H	X	h	x
	9				)	9	I	Y	i	y
	A				*	:	J	Z	j	z
	B				+	;	K	[	k	{
	C				,	<	L	\	l	|
	D				-	=	M	]	m	}
	E				.	>	N	^	n	~
	F				/	?	O	_	o	DEL

表　ASCII コード

3.5 データ構造

コンピュータの中では，データはさまざまな形で扱われます。それぞれ対象となるデータの性質やその処理方法に合わせて，データ構造が工夫されています。

● スタック

データをある場所に積み上げて保存し，取り出すときには上から1つずつ取り出していくという形式で扱います。このように後から挿入したデータが先に取り出される操作をLIFO（Last In First Out：後入れ先出し）と呼びます。データの最下層の記憶場所と，現在の最上位のデータ位置のみを管理すればよいため，処理が単純化できます。コンピュータで実行中のプログラムの状態を保存して，別のプログラムの処理を呼び出し，また元のプログラムに戻る場合には，このスタックが使われます。

● 配列

2次元あるいはそれ以上の次元で整列したデータ構造を**配列**と呼びます。2次元なら縦と横の平面配置の表形式で表されます。3次元ならば，立体的に区切られた区画内へのデータの格納という形式になります。

配列形式では，途中にデータを追加する場合には，それ以降のデータをすべてずらさなくてはならないので，挿入・削除の処理は煩雑になります。

● リスト構造

データの並びを管理するための方法として，データをリスト構造で表すことがあります。リスト構造では，各データは次のデータの位置に関する情報（ポインタ）を保持しています。リストには，単方向リスト，双方向リスト，環状リストなどがあります。リスト構造では，データの挿入，削除はポインタの値を書き換えるだけで行えます。

● 木構造

根から出発して枝分かれしていく形で表されるデータの配置を**木構造**と呼びます。特に枝分かれは2方向のみに限定した形式がよく用いられ，二

分木構造と呼ばれます。データの挿入，削除はやはりポインタの操作のみで行えます。

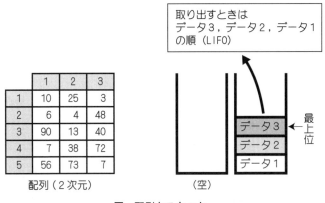

図　配列とスタック

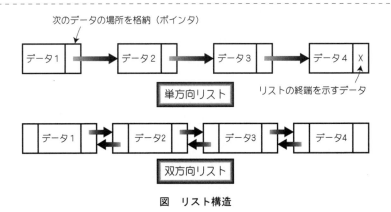

図　リスト構造

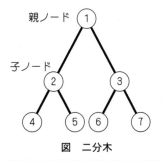

図　二分木

3.6 マークアップ言語

データを記述する際，何らかの記号をデータに付加して，表示スタイルやデータの意味付けなどを行う言語を**マークアップ言語**と呼びます。

1980 年代はじめにコンピュータによる電子出版を効率的に行うために **SGML**（Standard Generalized Markup Language）というマークアップ言語の規約が，国際標準化機構（ISO）によって策定されました。SGML では文書の内容などを表現するための規則をそれぞれの文書において作成し，文書内に示すことができます。それによって異なる体系のコンピュータ間での文書データの交換が可能となります。しかし，SGML は広範囲の文書構造をデータベース化できるように設計されたために複雑になり，あまり普及が進んでいません。

Web ページを表示するための言語として普及している **HTML** は，SGML の考えをベースとして，より簡易に利用できるようにしたものです。ただし，拡張がソフトウェアメーカなどにより独自に行われたため，互換性に混乱が生じています。

XML は，HTML よりも柔軟な機能拡張を可能とする，特定のメーカの仕様などに依存しない汎用性を持ったマークアップ言語として SGML をもとにし，よりシンプルに作られました。XML はユーザが独自のタグを作ることができるメタ言語の一種で，他のマークアップ言語を作る際の土台として使用されることもあり，XML をもとに作られた言語には SOAP, XSL, MathML, SMIL など多くの種類があります。XML は次のような特徴を持ちます。

・情報の意味付けを表現し，レイアウト情報は含まない
・テキスト形式
・タグによる文書構造の表現
・ユーザがタグを定義できる

● Web サービスと SOAP

Web サービスとはネットワーク上のコンピュータが，ネットワークを通じ

てサービスを提供することです。Webサービスを直接利用するのは通常，他のプログラムであり，人間が直接利用することはありません。SOAPはこのような分散アプリケーションにおいてWebサービスを提供する側と利用する側でのデータ送受信の方法を定めたプロトコルです。SOAPで受け渡しされるWebサービスのデータは，XMLによって記述されます。具体的な送受信の規則をWeb APIと呼ぶことがあります。XMLよりも記述文字量を減らせるJASONというマークアップ言語もよく使われています。

［**XMLの例**］（店の中の各商品の番号，名称，価格などを記述。〈xxx〉の部分がタグで，〈xxx〉と〈/xxx〉に挟まれた部分のデータに意味付けをする。）

```
<?xml version="1.0" encoding="Shift_JIS">
<shop>
<item>
<number>1001</ number >
<name>指輪</name>
<price>25000</price>
</item>
<item>
<number>1002</ number >
<name>ハンドバッグ</name>
<price>18000</price>
</item>
</shop>
```

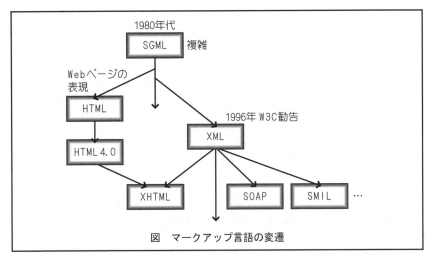

図　マークアップ言語の変遷

3.7 情報量の理論

情報とは，通報によって得られる新しい知識のことを表す言葉です。わかりきったことは新しい知識とはならないので，その場合の情報量は0と考えられます。また，予期しにくい事項（珍しい出来事）が通報された場合には，情報量は多いことになります。たくさんの通報を受け取った場合には情報量は多くなるはずです。これらを整理してみると，情報量（I と表す）という言葉の意味については，次のように定義されます。

① 予想しにくい通報の持つ情報量Iは大きい。言い換えれば，発生する確率 P が小さいほど情報量は大きくなる。すなわち発生確率の逆数に比例する。

$$I \propto \frac{1}{P}$$

この関係を，関数fで表す。

$$I = f\left(\frac{1}{P}\right)$$

② 必ず発生するようなこと，すなわちわかりきった事項に関する情報量は0である。

③ 複数の通報に対しては，それに比例して情報量が増加する。たとえば，情報量I_1とI_2の通報を継続して受け取った場合の情報量の合計は，

$$I = I_1 + I_2$$

また，それぞれの事項が発生する確率（P_1, P_2）で考えると，2つの事項が連続して発生する確率は$P_1 \times P_2$だから，

$$f\left(\frac{1}{P_1 \times P_2}\right) = f\left(\frac{1}{P_1}\right) + f\left(\frac{1}{P_2}\right)$$

①から③のような関係を満たす関数 f としては，対数関数が適当です。そこで，確率Pで発生する事項の通報が持つ情報量Iは，次の式で表されます。

$$I = \log \frac{1}{P}$$

対数の底は通常は 2 を用います。このとき情報量の単位を**ビット**（bit）と言います。

[**例 1**] コインを投げ上げたとき，表が出る確率は 0.5 です。したがって表が出たという通報を受けたときの情報量は，

$$I = \log_2 \frac{1}{0.5} = \log_2 2 = 1 (ビット)$$

となります。

[**例 2**] サイコロのそれぞれの目が出る確率は 6 分の 1 です。$\log_2 6 = 2.585$ として，サイコロを振って「1」が出たという通報を受けたときの情報量は，

$$I = \log_2 \frac{1}{1/6} = \log_2 6 = 2.585 (ビット)$$

となります。この例からわかるように，情報量自体は必ずしも整数である必要はありません。情報量を表す単位としての「ビット」は，コンピュータの内部で用いられる 2 進数の桁を表す「ビット」とは意味が異なります。

# 3.8 待ち行列

　銀行の ATM コーナーや駅の切符売り場などで，人が順番を待って列になっていることがあります。何らかのサービスを受けるために人や設備などが待たされている状態を**待ち行列**といいます。情報処理の分野では，たくさんの処理を次々に行うようなシステムにおいて，処理要求がシステムに出されて，その処理が終了するまでの時間（応答時間）を見積もる際に，この待ち行列の考え方を使います。

● ケンドールの記法

　待ち行列の状態を表す表記法として，ケンドールの記法が用いられます。

　　（サービス要求の発生頻度分布）／（サービス処理時間分布）／（サービス処理窓口の数，一般的には m で表記）

発生頻度分布と処理時間分布は，ランダムあるいは指数分布なら M，一般分布なら G，一定なら D で表し，システム設計の際に通常用いられるのは M／M／m です。この場合は，発生頻度分布がランダム，処理時間分布が指数分布，処理窓口の数が m 個であることを表し，よく使われるのは M／M／1 です。

● 待ち行列の公式

M／M／1 待ち行列については，以下のようにして平均応答時間を求めることができます。

　まず，単位時間あたりの処理依頼の到着数（平均到着率）を λ，単位時間あたりの平均処理数（平均処理率）を μ とします。

サービス窓口が処理中である確率（利用率）を ρ とすると，

　　$\rho = \lambda / \mu$

処理 1 件あたりにかかる処理時間（平均処理時間，T_s）は，

　　$T_s = 1 / \mu$

処理中も含めて溜まっている処理件数の平均値 E_w は，

$$E_w = \rho / (1-\rho)$$

処理依頼が到着してから処理が開始されるまでの時間の平均（平均待ち時間, T_q）は次のように表せます。

$$T_q = E_w \times \frac{1}{\mu} = E_w \times T_s = \frac{\rho}{1-\rho} \times \frac{1}{\mu}$$

$$= \frac{\rho}{1-\rho} \times T_s$$

処理依頼が到着後，処理が終了するまでの時間の平均値（平均応答時間, T_w）は，

$T_w =$ 平均待ち時間(T_q)＋平均処理時間(T_s)

● **実際の計算例**

処理依頼が1秒あたり0.2件あり，平均処理時間が120ミリ秒であるとき，システムの平均応答時間は

　　平均到着率　$\lambda = 0.2$

　　平均処理時間　$T_s = 0.12$

　　平均処理率　$\mu = 1 / 0.12$

　　利用率　$\rho = \lambda / \mu = 0.2 / (1/0.12) = 0.024$

$$T_q = \frac{\rho}{1-\rho} \times \frac{1}{\mu} = \frac{0.024}{1-0.024} \times \frac{1}{0.12}$$

　　$\cong 0.205$（秒）

　　平均応答時間　$T_w = T_q + T_s = 0.205 + 0.12 = 0.325$ 秒

3.9 データ圧縮

与えられた情報メッセージの中に，むだな部分（冗長な部分）があれば，それを取り除くことでメッセージのサイズを小さくすることができます。たとえば，「AABAAAABBBABBB」のようなメッセージがあった場合，文字 A と B の出現確率はそれぞれ 0.5 であるならば，文字 1 つの持つ情報量は，-log20.5＝1 ビットです。文字を表現するために 8 ビットコードを用いると，14 文字では 112 ビットの量となりますが，情報量としては 1×14＝14 ビットしかないはずです。本来 14 ビット分の情報量のメッセージを 112 ビットで表しているということは，冗長な部分をかなり含んでいることを意味しており，元の情報を損なうことなく圧縮できる可能性があることになります。

● 符号化

ASCII コードを使用して文字を表現すると，どの文字も 8 ビットを使います。しかし頻繁に現れる文字はもっと短いビット数で，あまり使わない文字は長いビット数で表すようにすれば，メッセージ全体のサイズを小さくすることができます。これは Huffman 符号化という圧縮方法です。たとえば，メッセージの中で使用される確率が高い順に，EATI…XZQ であったとすると，次のようにコードを決めることができ，これによって全体のサイズは圧縮されます。

文字	コード(2 進数)
E	100
A	101
T	1100
I	11010
⋮	⋮
X	01101111
Z	01101110001
Q	01101110000

表 Huffman 符号化の例

● 辞書による方法

辞書を用いた圧縮では，メッセージに含まれるデータを読み取って辞書を

作っていき，もし辞書に登録されたものと同じパターンのデータがあれば，辞書のインデックスに相当する情報だけを記録していくことで圧縮を行います。たとえば，「Aだと思います。Bだと思います。Cだと思います。」というメッセージは，「A (1) B (1) C (1)」のような形のメッセージと，「だと思います。」というパターンが1つだけ入っている辞書データの組み合わせで表現されることになります。

● 損失のある圧縮

音声データや画像データは，高い圧縮を実現するために，ある程度情報が失われてもかまわない場合があります。音声データでは，人間の耳にはほとんど聞こえないような音を切り捨てることで，データの量を減らすことができます。MP3オーディオ圧縮技術を使用すると，圧縮を行っていない音楽CDのデータ量に対して，10分の1程度に圧縮しつつ音質はさほど変わらない程度に維持することができます。画像圧縮に関しては，たとえばJPEGアルゴリズムは非可逆圧縮方法を用いることで，画像ファイルを元の数%にまで圧縮することも可能です。

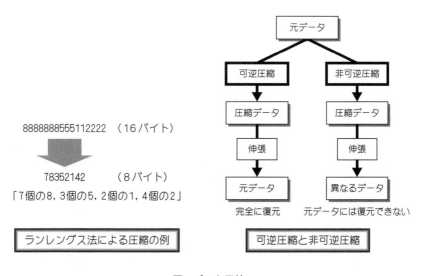

図　データ圧縮

3.10 誤り制御方式

データを送る経路上では，いろいろな要因で雑音が発生し，データの信号が影響を受けて元と異なる値になってしまうことがあります。誤り発生の度合いをビット誤り率といい，次の式で表されます。

ビット誤り率＝誤りが発生したビット数／全ビット数

発生した誤りを発見し，何らかの方法で訂正しなければ重要なデータを送ることはできません。一般には誤りの検出を確実に行うことができれば，データを再送することで訂正を行うことが可能です。

● パリティチェック（奇遇検査）方式

伝送するデータにパリティビットと呼ばれるデータを付加し，誤りの検出を行います。垂直パリティ，水平パリティの2方式があります。いずれもひとかたまりのデータブロック（垂直では8ビット，水平では定められた大きさのビット列）の中に含まれるビット'1'の数が常に偶数個あるいは奇数個になるようにパリティビットの値を0か1に調整するものです。

また，データブロック内の誤りが1ビットのみである場合には，誤りの発生した位置を特定でき，訂正することが可能です。しかし，同じ行で2ビットの誤りが発生した場合には，誤りを検出することはできません。一般には奇数個の誤りがブロック内で発生した場合には誤りの発生を検出できますが，偶数個では検出できません。

● CRC（Cyclic Redundancy Check：巡回冗長検査）方式

CRC方式はデータを多項式とみなしてあらかじめ定められた生成多項式で除算を行い，その余りをデータに加えて送信します。受信側では，受け取ったデータに対して，同じ多項式で割り算をし，剰余がなければ誤りなく受信できたと判断します。CRC方式は，他の誤り検出方式に比べて高い精度で検出することができます。

まとまって発生するブロック誤り，連続して発生するバースト誤り，ランダム誤りの検出に有効です。

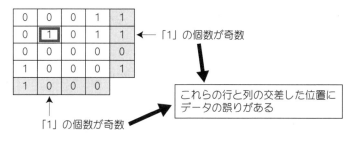

図　1ビット誤り

図　2ビット誤り(1)

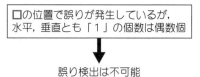

図　2ビット誤り(2)

3.11 暗号

暗号は，第三者による盗聴や改ざんを防ぐための手段として用いられる技術です。「鍵」に相当するデータを使わなければ内容を読むことができないように加工したデータを「暗号」，元の誰でも読むことができる形のデータを「平文」と呼びます。

暗号を作るときに使うデータを暗号鍵，もとに戻すときに使うデータを複合鍵と呼びます。暗号方式としては共通鍵（秘密鍵）方式，公開鍵方式，ハイブリッド方式があります。

● 共通鍵（秘密鍵）暗号方式

暗号鍵と複合鍵は同一です。処理は高速ですが，鍵の受け渡し時のセキュリティが問題になります。

秘密鍵暗号化方式は送信側と受信側で暗号化と復号化に使う暗号鍵を共有します。鍵の保管や送信には，第三者に知られないように配慮が必要です。DES などの暗号化方式で使われています。

● 公開鍵暗号方式

一組の暗号鍵と共通鍵を使用します。処理は時間がかかりますが，鍵の受け渡しに関しては安全性の高い方式です。

公開鍵暗号化方式は 2 つの鍵を使用します。2 つとも受信側で作成します。1 つは暗号鍵として使い，これは相手に送信します。公開しても問題ありません。他方を復号鍵とし，こちらは秘密にしなければなりませんが，相手に送る必要はないので安全です。公開鍵で暗号化したものは，対になる秘密鍵でなければ復号化できません。この方式には RSA などがあります。

● ハイブリッド方式

共通鍵を相手に送るときに，公開鍵暗号方式を使用します。本文の通信は共通鍵方式で行うので高速です。PGP などで使われます。

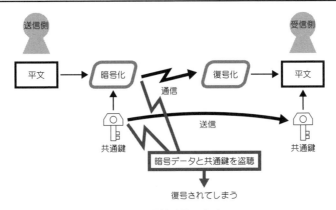

図　共通鍵暗号化方式

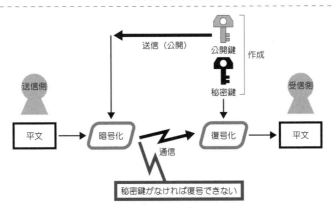

図　公開鍵暗号化方式

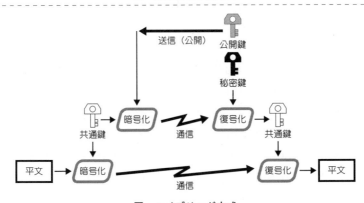

図　ハイブリッド方式

3.12 認証とデジタル署名

相手が間違いなく正当な利用者であるかどうか，個人を特定する場合や，メッセージの内容が正しいもので改ざんされていないかどうか，あるいは文書が正当な送信者によって送られてきたものであるか，といったことを確認することを**認証**と呼びます。

● 相手認証

通信相手が正当な本人であることを確認するために，ユーザ番号とパスワードによる認証が行われます。

● ワンタイムパスワード

一度使ったらそれで失効するパスワードです。認証を受ける側は，カードなどに記録されている秘密鍵を使った暗号化によりパスワードを生成し，サーバに送信します。サーバ側もすでに保存してある同じ秘密鍵を使ってパスワードを生成します。発信者からのパスワードとサーバで生成したパスワードが一致すれば認証が完了したことになります。ワンタイムパスワードが作り変えられるタイミングには，1 回ごとに変更するカウンター同期方式と，一定時間ごとに変更するタイムシンクロナス方式があります。後者の方式であっても一度使用したら失効します。また，サーバが送信するランダムな数値を認証を受ける側が暗号化処理してサーバ側に送信し，確認後に認証を完了するチャレンジレスポンス方式もあります。

● 認証局

電子商取引などの重要度の高い暗号化通信には認証局（CA）を用いることがあります。この方式では認証局に各個人の公開鍵を預けておき，認証のためにこの鍵を使いたい人に渡します。

● 電子署名

電子署名とは，ある情報を信頼のおける第三者が承認したことを表す技術です。電子署名は，コピーはいくらでもできますが，改変（追記）すると改変したという事実がわかるようになっています。電子メールなどの送信

者が本人であるかどうか，送られてきた内容が改ざんされたものでないかどうかといったことを証明するための技術です。

データを送信する側は，本文をハッシュ関数で処理して得られるメッセージダイジェストを，自分の秘密鍵で暗号化し，本文に添付します。これが電子署名となります。受信側では届いた本文データを同じハッシュ関数で処理し，本文データに添付されている電子書名を送信者の公開鍵で復号します。ハッシュ関数の処理結果と，復号した電子署名が一致すれば，データの改ざんやなりすましがないことが証明されたことになります。

● 電子証明書

電子証明書は電子署名を応用したもので，公開鍵が正しいことを他の人（一般にCA）が証明するというものです。

公開鍵にも署名を付け，信頼のおける第三者（認証局）に，公開鍵がAのものであることを証明してもらえば，なりすましを防ぐことができます。この署名された公開鍵が「電子証明書」です。

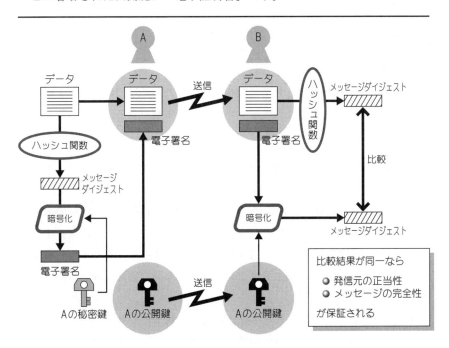

図　認証とデジタル署名

3.13 アナログとデジタル

電気信号にはアナログ信号とデジタル信号という2種類の形式があります。**デジタル信号**とは，時間，振幅の両方が離散的な信号です。**アナログ信号**は連続的な信号なので，アナログ信号をデジタル信号に変換（A/D 変換）するためには時間方向に離散化する標本化処理と，振幅方向に離散化する量子化の処理を行います。

● 標本化（サンプリング）

連続したアナログ信号の，ある時点での値を読み取ることを**標本化**と呼びます。このとき，情報科学の理論（標本化定理）では，元の信号の周波数の2倍以上の速さでサンプリングすれば元の信号の情報を完全に記録できると示されています。

● 量子化

標本化された値を，数字（通常は2進数）で表すことです。この過程で，連続した値であった標本値は，離散的な値で表現されることになりますが，元の値と異なった値になるということですから誤差が発生します。これを量子化雑音と呼びます。量子化雑音を減らすためには，数字で表す際の桁数（ビット数）を大きくしてやります。この桁数を量子化ビット数と呼びます。

人間の会話を再生する場合，内容を実用上十分に聞き取れればよい場合には4kHz 程度の周波数の音まで再生できるようにします。したがって，4kHzの2倍すなわち8kHz の周波数で，つまり，1/8000 秒の間隔で信号の大きさを測定(サンプリング)していけば十分な音質で記録できることになります。

記録できる音の大小の幅は，量子化ビット数によって決まります。量子化ビット数が少ない場合には，量子化雑音が増加し元の信号と異なったものになってしまいます。ただし，ビット数を大きくすると，その分データの大きさが増大し，記録する際に大きな記憶容量を必要とします。人間の声を8kHzでサンプリングし，8 ビットの桁数で記録する場合のデータ量を考えてみる

と，1秒間に 8×8,000＝64,000 ビットのデータを記録していくことになります。バイト単位で表すと 8k バイト/秒です。

ADPCM では，信号の測定値の絶対値を記録するのではなく，直前の信号の大きさとの差を記録し，データの桁数を PCM の半分程度にすることが可能です。音声信号はあまり急激に変化することはほとんどないために，この方式でも比較的良好な音声で記録でき，データ量は劇的に減らせます。PHSでは音声のデジタル化の際には，この ADPCM 方式を採用しています。

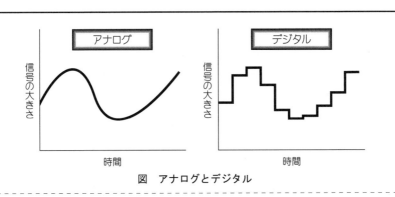

図　アナログとデジタル

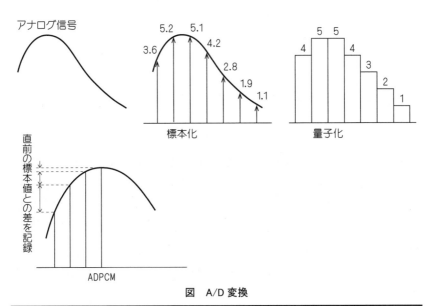

図　A/D 変換

3.14 音の記録と再生

　音とは，空気の振動によって伝わり，人間の耳の鼓膜を刺激して感知されるものです。周波数では 20Hz から 20kHz 程度が人間に聞こえる範囲とされています。このような音の信号を 0 と 1 の値のみで表すデジタルデータとして記録，再生する各種の技術が開発，利用されてきました。

　音楽用 CD では，記録時には特別な圧縮は行われず，PCM と呼ばれる方式でデジタル変換します。音の信号は 44,100 分の 1 秒ごとに 16 ビットのデータ幅で記録され，その際のデータの量は，

　　16(ビット)×2(左右 2 チャンネルステレオ)×44,100×60(秒)×74(分)
　　＝6,265,728,000(ビット)

となります。このように，音をデジタル記録する場合は非常に大きなデータ量になるため，各種の圧縮符号化方式が開発されています。

　動画圧縮の方式を標準化している MPEG 規格は，動画に関する部分と音声に関する部分に分けることができます。MPEG-1 では，MPEG-1 Audio Layer-1 〜3 という音声圧縮に関する規格を含んでいます。

　Layer-2 は 128k ビット/秒程度のビットレートでも極めて高音質であり，ビデオ CD の音声部分や，ヨーロッパのデジタル衛星放送などで採用されています。また Layer-3 は 64k ビット/秒という低いビットレートでも高音質を達成しており，MP3 という名称で音楽データの圧縮に広く利用されるようになっています。

　ビットレートは 1 秒間にどの程度の量の音声データを処理するかを表しています。大きいほど多くの音の情報を含むので高音質となります。一般的には 128k ビット/秒程度で CD 並みの十分な音質となり，これが MP3 の標準的ビットレートとされています。オーディオ CD と比較すると 128k ビット/秒のビットレートは約 11 分の 1 となり，音楽データがきわめてコンパクトに記録できることになります。

　MP3 の持つ，サイズが小さく高音質であるという特徴は，インターネット

上で音楽データファイルがやり取りされるという現象を引き起こしました。しかし，CD 発売元から多額の賠償金支払いを訴えられるといったトラブルが相次ぎ，現在では公に著作権が存在する音楽データの配布は行われてはいません。

MP3 の他，ADPCM，CELP，AAC などの各種の圧縮符号化技術が開発されています。

● **AAC**（Advanced Audio Coding）

AAC は，MPEG-2 で採用された圧縮符号化方式です。1994 年に ISO で標準化されました。その後，1998 年に策定された MPEG-4 規格でも採用されています。AAC は MP3 よりも圧縮効率が高く，同レベルの圧縮率であれば高音質が実現できるとされています。また，マルチチャンネルに対応しているため，臨場感を高める効果のある 5.1ch サラウンドといった複数のチャンネルに音声を記録していく方式にも対応できます。AAC は日本国内では BS のデジタル放送，地上波のデジタル TV 放送で使用されています。

表　MPEG Audio Layer 規格

Layer	ビットレート	対象となるメディア
Layer-1	32 から 448k ビット/秒	MD など高音質のオーディオ
Layer-2	32 から 384k ビット/秒	VideoCD などの音声
Layer-3	32 から 320k ビット/秒	インターネット上での音楽データなど

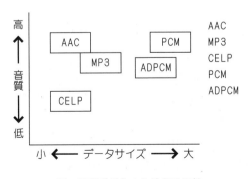

図　音声デジタル化技術の比較

3.15 画像の表示

　パーソナルコンピュータの画面に表示される文字や図形は，細かな点（**画素**，**ドット**または**ピクセル**）の集合で表されています．点1つを2進数1ビットとみなし，点が存在すれば1，点がなければ0と決めてやると，モノクロ表示を行えます．さらに，1画素に対して8ビット，16ビットなどの値を割りあてることで，色や明るさを表現することができるようになります．

　文字の形状は，縦16画素，横16画素などの大きさでデザインしたものをデータとして記録しておき，表示の際に使用します．このような文字表示をビットマップフォントと呼びます．その他，文字の輪郭形状に関するデータを保存しておき，各種の大きさの文字を演算により自由に表示できるTrueTypeフォントやPostScriptのType1フォントなどの文字表示方法も利用されています．このような文字表示の方式を**アウトラインフォント**と呼び，文字を大きくしてもギザギザのない滑らかな表示が行われます．

　各画素の色や明るさは，コンピュータ内部ではメモリに記憶され，そのデータが表示制御回路によって読み取られ，モニタへの電気信号に変換されて送り出されます．表示データを保存するためのメモリを**VRAM**（Video RAM）と呼んでいます．

　VRAM内では画面上の色は光の3原色である赤，緑，青 (Red, Green, Blue) の割合で表現されます．たとえば，赤と青を1:1の割合にし，緑を0にすれば，黄色を作ることができます．また，黄色であっても赤と緑の強さを変化させることによって，色合いを変えることができます．赤，緑，青すべてを1:1:1で使用すれば，白色となります．

　「1,678万色表示可能」などという表現が，コンピュータの表示能力を表すために用いられることがありますが，これは赤，緑，青のそれぞれを256段階に制御することで得られ，

$$256 \times 256 \times 256 = 16,777,216 \text{ 色}$$

となります．256段階のデータを保存するためには，8ビットが必要で，1つ

のドットを表示するためには8ビット×3, すなわち3バイトを必要とします。この色数を 1024×768 ドットの画面で実現するためには, 約 2.4 メガバイトの容量の VRAM が必要になります。

● **HIS**(Hue Saturation Intensity)**カラー**
RGB 方式とは異なり, 色を色相, 彩度, 明度の 3 要素で表す方式です。色の種類は色相にのみ含まれてます。彩度は原色にどの程度近いかを表す鮮やかさを示し, 彩度が低いほど灰色に近づきます。明度は明るさで, 最も高いと白色に, 最も低いと黒色になります。

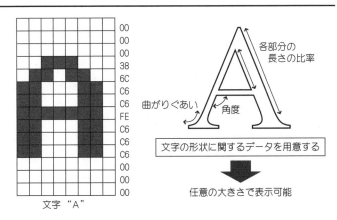

図 ビットマップフォント(左)とアウトラインフォント(右)

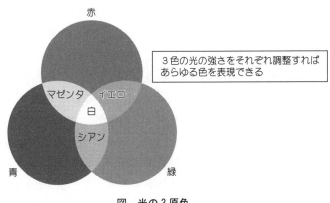

図 光の3原色

3.16 画像データの符号化

　画像データの符号化に関しては，JPEG や MPEG といった国際的な委員会が組織され，圧縮方法に関する標準化案を作成しています。提案された方法では，どの程度のデータ品質劣化を許容するかを指定して圧縮できるようになっており，画像データなどでは元のデータの数 10 分の 1 にまで圧縮することも可能です。また，これら以外にソフトウェアメーカなどからも各種の高圧縮技術が発表されています。

　DVD は高画質の映像を 2 時間程度（片面）記録することができますが，これは単に DVD の記録容量が大きいということではなく，MPEG2 という画像圧縮技術の開発により可能となったのです。MPEG2 を用いれば，比較的小さいデータ量で高画質の動画を記録することができます。

● **MPEG**（エムペグ：Moving Picture coding Experts Group）
　MPEG は，映像や音声のデジタル化について検討する国際機関の名称です。映像や音声をデジタル化する場合には，そのデータ量が膨大になります。マルチメディアの急激な発展によりこれら映像，音声データをできるだけ高圧縮した形で記録，伝送などを行う必要が出てきました。MPEG-1，MPEG-2 は国際機関 MPEG が標準として定めた圧縮方法のことをさしています。MPEG では品質を十分に許容できる範囲内に維持しつつ，映像データの圧縮を行うことを目標として圧縮方法を標準化しました。
　MPEG-1 はデータの再生速度を 1.5M ビット/秒程度の固定レートとし，CD-ROM への映像データの記録（Video-CD）に用いられています。固定レート圧縮は，画像の情報量が多くても少なくても常に一定のデータ量となるように圧縮します。圧縮率はおよそ 140 分の 1 程度です。
　MPEG-2 では，標準のテレビジョンの映像を 3～6M ビット/秒，高品位テレビジョンでは 15～20M ビット/秒のビットレートで再生できます。MPEG-2 では元画像の持つ情報量（細かい映像であるか，動きが激しいかなど）によって圧縮率を変えながら処理することができます。圧縮率は平

均して40分の1程度です。

MPEG-4は，インターネットなどの通信回線において，少ないデータ量で効率的に映像データを送ることができるように定められた規格です。画質はMPEG-2よりも劣りますが，データサイズはきわめて小さくできます。なお，MPEG-3は高画質映像用のデータ圧縮規格でしたが，MPEG-4規格に吸収されました。

● **JPEG**（ジェイペグ：Joint Photographic Experts Group）

静止画像の圧縮符号化方法を定めたISOとITU-Tの合同の組織です。ここで定められた静止画像の圧縮・伸張方式は高圧縮率が可能です。非可逆方式（完全には元の画像には戻せない）と可逆方式がありますが，一般には非可逆方式が用いられています。圧縮率は自由に設定できます。

● **BMP**（ビーエムピー：BitMap）

Windowsで用いられる画像ファイル形式で，圧縮はシンプルなランレングス法を用いるのみであり，高圧縮率は得にくい。

● **GIF**（ジフ：Graphics Interchange Format）

256色以下の色数の画像を，可逆形式（元画像に完全に復元）で圧縮します。

表 MPEGの比較

	MPEG1	MPEG2	MPEG4
画面解像度とフレームレート	標準は352×240（可変） 30fps（可変）	標準は720×480（可変） 30fps（可変）	160×120からMPEG2相当まで 数fps～30fps
ビットレート	1Mビット/秒（可変）	1～20Mビット/秒 程度	10kビット/秒～数Mビット/秒
用途	Video-CD	DVD，放送	インターネット

3.17 データベースシステム

データベース（database）とは，データの保存，追加，置換，削除，検索などが効率よく行えるように管理され蓄積されたデータの集合です。このような処理を行ってくれるソフトウェアを**データベース管理システム**（Data Base Management System：DBMS）と呼びます。

データベースの利用形態は，日報や週報の作成といった定型処理と，問題解決のための照会，検索，加工，分析といった非定型処理に分けられます。

データベースの構造は，**階層型**，**網型**，**関係型**の3種類に分けられます。このうち関係データベース（リレーショナル・データベース）が，最も広く利用されています。

● 関係データベース

関係データベースでは，データの集合を表として扱います。個々のデータは行と列で指定される位置に格納されます。日常，我々が使用する表と同様のデータ構造なので，なじみやすい特徴があります。

関係データベースで扱われる表は**関係表**と呼ばれます。関係表の中の1つの行は**レコード**と呼ばれ，特定の人物や事象に関するデータがまとめられています。関係データベースは，この関係表の集合です。

基本的な表操作としては，1つの表に対してのデータの操作と，複数の表を結合した1つの表としての操作が行えます。複数の表の結合では，共通の値を記録してある特定の列を使用して，それぞれの表の行を結合します。

● SQL（エスキューエル：Structured Query Language）

関係データベースに対してデータの検索など各種の操作を行うためには，データベース言語 **SQL** を使います。SQLではいくつかのコマンドを使って，関係表作成（CREATE TABLE），データの挿入（INSERT），データの選択（SELECT），関係表の更新（UPDATE）などの操作を行うことができます。

SQLによるデータベースの操作は，対話形式で画面上で行うことができますが，他のプログラムの中に SQL 命令を埋め込んで使うこともできるようになっており，自動化された処理も可能になっています。

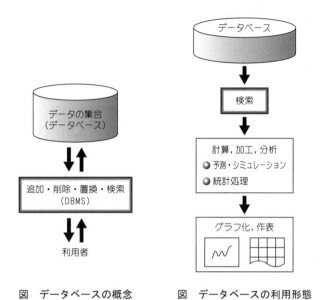

図　データベースの概念　　　図　データベースの利用形態

図　関係データベース

第3章 演習問題

(1) 0.00001m を μm 単位で表すと，どのような値になりますか。

(2) 10 進数で 18，150，926 の各数値を 16 進数で表現してください。
16 進数で 1A，FC，300 の各数値を 10 進数で表現してください。
2 進数で 101010，11010001，10010110 の各数値を 16 進数で表現してください。

(3) ASCII コードで 16 進数 43 で表される文字は何でしょう。10 進数 88 で表される文字は何でしょう。

(4) 正 12 面体のサイコロを振って 3 という目が出たという通報を受けたときの情報量は何ビットになるでしょうか。

(5) 共通鍵暗号方式では，使用する際にはどのような点に注意する必要があるでしょうか。

(6) 1 秒あたり 3 件の処理依頼があり，平均処理時間 15 ミリ秒であるときのシステムの平均応答時間を求めてください。

(7) 標本化周波数 16kHz，量子化ビット数 16 ビットで 5 秒間の音声をデジタル変換したときに生成されるデータの量は何 k バイトになりますか。

第4章

ソフトウェア

　誰でもコンピュータを扱うようになってきた今日，コンピュータを動かしているソフトウェアについての知識が不可欠のものとして要求されるようになっています。
　本章では，オブジェクト指向プログラミングなどのプログラミング技術，データベースやオペレーティングシステムに関する知識，システム開発の技法などについて述べています。

4.1 ソフトウェアの種類と役割

ソフトウェアの機能に注目すると，次のような分類を行うことができます。

● ファームウェア

各種の周辺装置は，その制御を行うための基本プログラム（ファームウェア）を，その装置の内部に持っています。その装置固有の複雑な制御はファームウェアが行ってくれるようになっています。

● BIOS（バイオス）

コンピュータを構成する電子回路を制御するための基本プログラムも，コンピュータ内部にそれぞれの回路構成に合わせてあらかじめ作成されています。BIOS は Basic Input Output System の頭文字をとったもので，主にキーボードなどからの入力や，磁気ディスク装置への基本的な入出力をはじめ，ハードウェアに密接に関連した制御などを行います。

● オペレーティングシステム（OS）

コンピュータを動かすためには，いろいろな複雑な処理を行わなければなりません。まず，(1) 初期設定をハードウェアに対して行い，(2) 文字入力を命令として解釈し，(3) マウスなどの装置の制御を行い，(4) 磁気ディスク装置などからプログラムを読み取って実行する，などです。この一連の処理をオペレーティングシステムは，人間に代わって行ってくれます。また，いろいろな種類のハードウェアで同一のプログラムが動作するように，機種間の差異を吸収することもオペレーティングシステムの目的の1つです。コンピュータを効率的に利用するための機能も提供します。

● 言語プロセッサ

コンピュータが直接理解できるプログラム形式は，16進数（実際には2進数）の並びで表される機械語だけです。しかし，機械語プログラムは人間にとっては理解および作成は非常に困難であるため，人間に理解しやすく，効率的なプログラム作成ができるようなプログラミング言語（高級言語）の文法が作られています。言語処理プロセッサは，高級言語の文法で記述

されたプログラムをコンピュータが翻訳，解釈して実行するためのプログラムです。

● アプリケーションソフトウェア

アプリケーションソフトウェアは，利用者が直接，目的とする処理を行うために使用するソフトウェアです。ワードプロセッサ，表計算ソフトウェア，描画を行うためのペイントソフトウェアなど多くの種類があります。

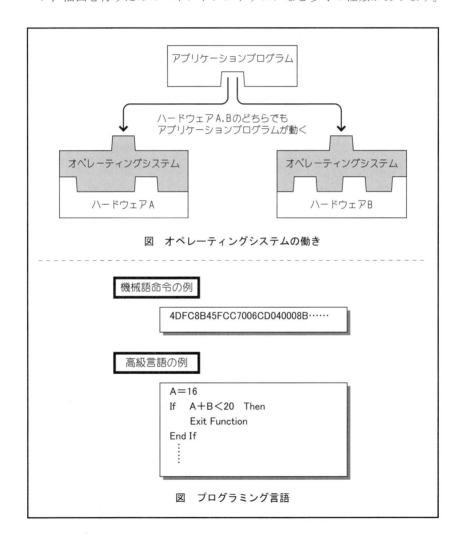

図　オペレーティングシステムの働き

機械語命令の例

4DFC8B45FCC7006CD040008B……

高級言語の例

```
A＝16
If   A＋B＜20   Then
    Exit Function
End If
　⋮
```

図　プログラミング言語

4.2 プログラミング言語

コンピュータに何らかの処理を行わせるためには，必ず命令を伝えるためのプログラムが必要となります。**プログラム**は，その中に処理の内容と順番などを記したものです。効率よくプログラムを作成できるようプログラムの文法には多くの種類があり，今も次々と新しいプログラミング言語が作られています。

● 機械語

計算機は，決められた形式の命令をメモリから読み取り，実行することができます。このような形の命令を**機械語**と呼び，通常は2進数の「0」と「1」の2つの値のみで表されます。ただ，このような2進数の形のデータは人間には扱いにくいため，通常は桁数が短くてすむ16進数で表します。機械語は人間にとっては理解しにくく，プログラム作成の効率も悪いため，機械語で直接プログラミングすることはほとんどなく，文字で表示する場合も機械語の命令を英数字に対応させたアセンブリ言語が使われます。

● 高級言語と低級言語

機械語あるいはアセンブリ言語は計算機での実行時には効率がよいが，人間にとっては理解が困難で，プログラム作成の効率も低くなります。これらの言語を低級言語あるいは低水準言語と分類することがあります。逆に人間にとって理解しやすいプログラミング言語は**高級言語**あるいは**高水準言語**と呼びます。

● コンパイラ

人間にとって理解しやすい高水準言語によって書かれたプログラムも，最終的にはコンピュータが理解して実行しなければなりません。そのときの処理方法により，コンパイラとインタプリタの2種類の処理系があります。**コンパイラ**は，人間が書いたプログラム（ソースコード）をはじめにすべて機械語に翻訳してしまい，ファイルとして記録しておきます。実行時には，ファイルに記録された機械語命令をメモリに読み込んで実行していき

ます。翻訳には多少の時間がかかりますが，実行時には高速に処理できます。

● **インタプリタ**

インタプリタは，人間が書いたプログラムの意味を1つひとつの命令について解釈しながらその場で実行も同時に行います。通常，ファイルに解釈結果が記録されることはありません。PHPなどが代表的ですが，BASIC言語も以前はインタプリタ型言語の代表でした。現在はコンパイラ型のBASIC言語もあります。

実行時の処理速度は，コンパイラのほうが高速です。ただ，プログラムを少しずつ作成しては，実行して処理結果を調べる，といった場合にはインタプリタのほうが便利な場合があります。FORTRAN，COBOL，C言語などの多くの言語がコンパイラ型です。

また，ソースコードをやや機械語に近い形式（中間コード）に変換してファイルに保存し，実行時には中間コードをインタプリタによって解釈しながら実行するという方法をとる言語もあります。このタイプの言語としてはC#やJavaがよく知られています。中間コードを用いるのは，いろいろな種類のコンピュータでプログラムを実行できるようにするためです。

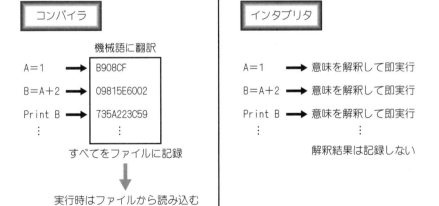

図　コンパイラとインタプリタ

4.3 データの型

プログラミングに使用できるデータの型は，プログラミング言語によって多少異なります．特に数値に関しては整数型，長整数型，倍精度実数型など多くの型があり，そのデータの用途によって使い分けなければなりません．基本的なデータの型は一般的には整数型，長整数型，浮動小数点実数型，倍精度実数型，文字列型などがありますが，プログラミング言語によって異なります．

● Java の基本データ型

byte 型　　：-128 から 127 までの整数値
short 型　　：-32,768 から 32,767 までの整数値
int 型　　：-2,147,483,648 から 2,147,483,647 までの整数値
long 型　　：-9,223,372,036,854,775,808 から 9,223,372,036,854,775,807 までの整数値
float 型　　：±3.40282347×10^{38} の符号付浮動小数点数値
double 型　：±4.94065645841246544×10^{308} の浮動小数点数値
boolean 型：true と false の 2 値のみ
char 型　　：Unicode の文字 1 文字を表し，値としては符号なしで 16 進数の 0000 から ffff までの整数値（10 進数では 0 から 65535 まで）

● Visual Basic のデータ型

バイト型（Byte）　：8 ビット長で，0 から 255 までの整数値
整数型（Integer）　：16 ビット長で，-32,768 から 32,767 までの整数値
長整数型（Long）　：32 ビット長で，-2,147,483,648 から 2,147,483,647 までの整数値
単精度浮動小数点数型（Single）：32 ビット長で，負の値は -3.402823×10^{38} から-1.401298×10^{-45}，正の値は 1.401298×10^{-45} から 3.402823×10^{38} までの浮動小数点数値
倍精度浮動小数点数型（Double）：64 ビット長で，負の値は

$-1.79769313486231 \times 10^{308}$ から $-4.94065645841247 \times 10^{-324}$，正の値は $4.94065645841247 \times 10^{-324}$ から $1.79769313486232 \times 10^{308}$ までの浮動小数点数値

文字列型（String）：文字コードで構成

数値を表すデータ型には多くの種類があります。倍精度浮動小数点型のみで用は足りそうですが，この型ではデータを格納するための記憶領域が大量に必要になります。また，計算を実行する場合に，処理が複雑になるために処理速度が遅くなってしまいます。

一方で，大きな値の数値や有効桁数の大きな精度の高い数値のデータ処理を行う場合には，short 型などでは最大値を超えてしまったり，有効桁数が足りないといったことが起こります。このような場合には，整数ならば long 型を使ったり，実数ならば倍精度浮動小数点数の double 型を使います。

● 配列型

同じデータが並んだ形で管理される場合を**配列**と呼びます。通常，配列の中の特定のデータにアクセスする場合は，番号（インデックス）によって指定されます。

　[**例**]　a=b[10]+c[4]

● ポインタ型

データの記憶場所（アドレス）を記録するデータ型です。メモリ内のアドレスのみを記録すればよいため，効率の良い処理を行えることがあります。

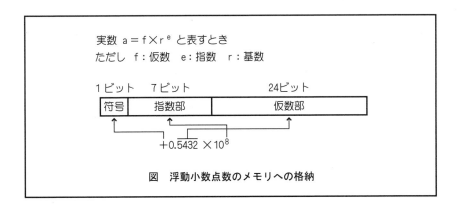

図　浮動小数点数のメモリへの格納

4.4 プログラム構造

プログラムの中では，繰り返し処理や条件判断による処理の選択などが頻繁に行われます。このような処理をプログラムに記述する場合，他の人がプログラムを読んだりした後でプログラムを見直す際に，わかりやすい形で記述することがプログラムの生産性，保守性を高めるうえで非常に重要です。**構造化プログラミング**とは，プログラムの制御構造を簡潔なブロック構造で記述していく手法です。

構造化プログラミングを行うためには，プログラム言語の文法もそれに適したものでなければなりません。初期の BASIC 言語などでは，構造化プログラミングの考え方は取り入れられていなかったために，大規模なプログラムになるとわかりにくく，バグの発生しやすいものとなりがちでした。また，他の人がプログラムの修正などを行わなければならない場合に，処理の流れを読み取ることが困難な場合もありました。

Algol はこの構造化の考え方を具体的にプログラム言語の中に取り込んだ言語です。その後の Pascal, C といった言語の持つ構造化プログラミングを可能とする特徴は，Algol から受け継いだものです。Algol は数学的なアルゴリズムを自然に表現できるように開発されたプログラミング言語で，データ型，再帰的手続き，ブロック構造，といった特徴を持っています。

● **再帰的（リカーシブ）プログラム**

ある処理を定義したとき，その中で自分自身を再び呼び出すプログラムを**再帰的プログラム**と言います。自分自身を呼び出す場合は，ある条件が成立するまで自分自身を呼び出していき，その後，次の処理を行うという形になります。再帰的プログラムでは，変数などの処理によって変化する部分は，スタックに記憶していきます。再帰的プログラムは COBOL や FORTRAN などの古い世代のプログラミング言語では作成できません。その後の Pascal や C では可能となりました。

● **再入可能（リエントラント）プログラム**

1つのプログラムを複数の他のプログラムから呼び出して使用することが

できるような仕組みを持ったプログラムです。変数領域などの共用できない部分は呼び出しのたびに作成し，手続き部分などの処理によって変化がない部分はそのまま共用します。

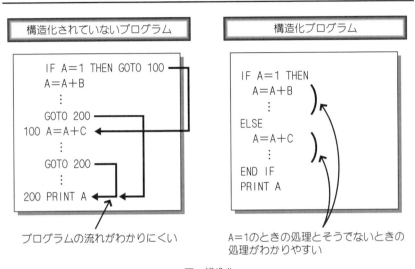

図　構造化

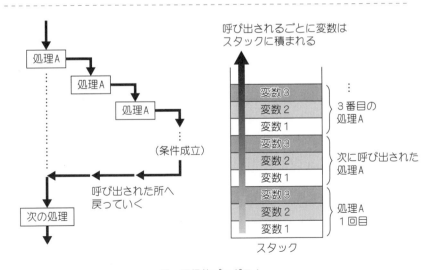

図　再帰的プログラム

4.5 オブジェクト指向プログラミング

　コンピュータの普及により，多くのプログラムを作る必要性が急増してきました。そこでプログラムの生産性を上昇させることができるプログラミング言語の研究が進められ，**オブジェクト指向**という手法が開発されました。

　オブジェクト指向言語では，オブジェクトにデータを持たせるとともに，そのデータをどのように処理するかといったこともオブジェクトが「知って」いるようにプログラムします。これは，「犬」というオブジェクトは，大きさや色などの自分に関するデータを持っていると同時に，「歩け」という命令を受けたら，4本の足を動かしてどのように歩いたらよいかをあらかじめ知っているように作られているということになります。

　オブジェクト指向を取り入れたプログラミング言語は多数ありますが，Smalltalk，C++，Javaなどがよく知られています。また，以前はオブジェクト指向の機能を持っていなかった言語であっても，現在ではオブジェクト指向を取り入れた改良を行ったPerlなどの言語もあります。オブジェクト指向プログラミングは特に大規模なプロジェクトで多数の人間が作業にかかわるような場合に効率よく開発を行うことができます。

● オブジェクト

　データと，データに対する処理（メソッド）を一体化（カプセル化）するという形でプログラムを作成する手法を**オブジェクト指向プログラミング**と言います。データと手続きが一体化されたものを**オブジェクト**と呼びます。オブジェクト指向プログラミングは，ソフトウェアの設計作業やプログラム作成作業効率を上げることを目指しており，特に大規模なプログラム開発において効果が高いと言われています。

● クラス

　オブジェクトに共通する動作や性質（属性）を定めたものを**クラス**と呼びます。オブジェクトの設計図とも言えるもので，個々のオブジェクトは属するクラスによりまとめて扱われます。あるクラスの性質を持ったうえで，さらに別の性質を持ったクラスを作ることができ，これを継承（インヘリ

タンス）と呼びます。これにより容易に多くの機能を持った新しいクラスを作り，プログラムの中で使用することができます。基本となる上位のクラスをスーパクラス，新しい機能を持ったクラスをサブクラスと呼びます。

● **情報隠蔽**（カプセル化）
オブジェクト指向プログラミングでは，データと手続きを一体化したオブジェクトを用いることにより，オブジェクトの中のデータに直接アクセスできないようにすることが可能です。これを**情報隠蔽**と呼び，プログラムの再利用を行う場合には，プログラム作成時のミスを少なくする効果があります。

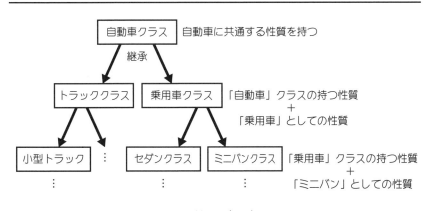

図　継承の考え方

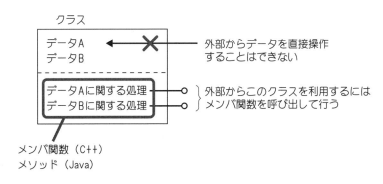

図　クラスにおける情報隠蔽

4.6 オブジェクト指向の特徴

オブジェクト指向プログラミングに対して，従来からのプログラム作成手法を手続き指向プログラミングと呼びます。**手続き指向**では，処理内容を詳細に検討し，その機能ごとにプログラムを組み立てていきます。プログラムは単一の機能を持ったサブプログラムが集合した構造をとります。

これに対して**オブジェクト指向**では，データとそれを処理する手続き（関数）の2つの要素に注目し，データと関数を1つの部品すなわちオブジェクトとして作成します。各オブジェクトはデータとそれを操作するための関数が組み込まれています。これらのオブジェクトを組み合わせてプログラムを構成することでいろいろな処理を実現していきます。

オブジェクトは単体でも機能するため，再利用性が高く，オブジェクトの内部を修正した場合でも，外部との接点である関数の入出力部分が維持されていれば，外部からはオブジェクト内の修正を意識する必要なく利用することができます。

- **クラス**

  オブジェクト内にどのようなデータを置き，それらを操作するどのような関数を備えるかといった設計図に相当する部分をクラスと呼びます。

- **インスタンス**

  クラスはあくまでもオブジェクトの定義（設計図）なので，実際にプログラムの中でオブジェクトを操作するためには，実体を作る必要があります。クラスの定義に基づいて作られたオブジェクトの実体をインスタンスと呼びます。

- **属性**（フィールド，プロパティ，メンバ変数）

  オブジェクト内のデータを属性，プロパティ，あるいはメンバ変数と呼びます。言語によって呼び方が変わります。通常，プロパティは外部から勝手に書き換えられないように設定する場合が多く，プロパティの値を変更したりする場合には，メソッドを使います。

● メソッド（メンバ関数）

属性に対して何らかの処理を行う場合，オブジェクトに組み込まれた関数であるメソッドを呼び出して処理を行います。

● 継承

オブジェクト指向プログラミングでは，作成したクラス定義を利用して，さらに別のクラスを作成できます。元のクラス（スーパクラス）で定義されている属性やメソッドはそのまま利用でき（継承），新しい部分を付け加えるだけで新しいクラス（サブクラス）を定義（派生）できるので，プログラムの再利用が効率的に行えます。

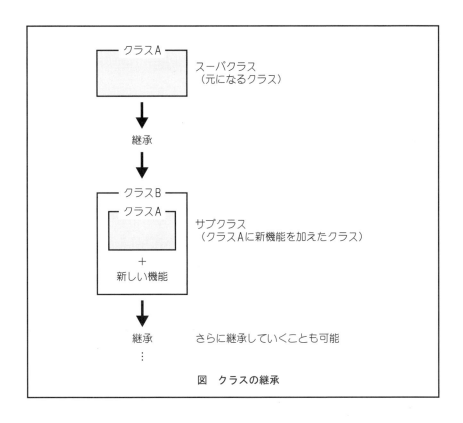

図　クラスの継承

4.7 CとC++言語

　C言語は'70年代後半にアメリカのベル研究所で開発されたコンパイラ型の高級言語で，UNIX，Windows，Mac OSなどの上で広く使われています。多くのシステムソフトウェアやアプリケーションソフトウェアがこの言語で開発されています。

　C言語の元になったプログラミング言語は，リチャーズ（Martin Richards）によるBCPL言語です。トンプソン（Ken Thompson）は，この言語から1970年にBという言語を作りました。さらにこのB言語から派生した言語が1972年にリッチー（Dennis M. Ritchie）が開発したC言語です。当時，リッチーはオペレーティングシステムであるUNIXの開発を行っていました。このOSのプログラム記述には初めはアセンブリ言語が使用されましたが，後にC言語で書き直されました。C言語はOSのようなコンピュータシステムを記述することに適していたため，UNIXだけでなく他の多くのソフトウェアもC言語で開発されるようになりました。

　C言語は移植性が高いので，あるコンピュータ用に作ったプログラムを，他のコンピュータ用に作り直すことが容易であるという特長があります。この特長を維持するために標準化が必要とされ，1990年には国際規格としてISO/IECの Programming Languages-C が制定されました。日本ではJIS規格としてプログラミング言語Cが1993年に制定されました。

　C言語は，システム記述性に優れているため，OSをはじめ制御用プログラムやその他のアプリケーションプログラムの作成によく使われます。メモリに対して直接アクセスできるポインタ操作を行う機能や，メモリのビット操作を行う機能などが豊富で，細かな制御などにも向いています。ただ，これらの機能はプログラムの間違い（バグ）の発生にもつながりやすい面があり，大規模なプログラム開発の場合には生産性が低くなる場合もあります。

　C++言語は，C言語をもとにオブジェクト指向言語として改良したプログラミング言語です。C言語に対してほぼ完全な上位互換性を持つように設計されています。これは，C言語で書かれたプログラムはC++言語プロセッサ

により，そのまま実行できることを意味します。

● 関数

　Cでは，プログラムは関数の集合として記述されます。関数を単位としたモジュール化が可能となり，プログラム作成時にモジュールごとに分割して作業を進めることができます。入出力機能もすべて関数ライブラリとして提供されるため，移植性が高くなっています。

● ポインタ

　メモリ内のアドレスを直接指定して，アクセスするポインタが使えます。これによってアセンブラのようにハードウェアに密接に関連したプログラムを書けるため，ビット単位の演算が行えることと合わせ，制御などの分野に利用できます。ただし，ポインタはバグを生じやすいという面も持っています。

● 構造化制御文

　構造化プログラミングに適した制御構文が用意されています。

　C++言語はアメリカ AT&T ベル研究所のストラウストラップ (B.Stroustrap) らにより 1980 年代初めに作られた言語です。C++では，Cの構造体を拡張する形でオブジェクト指向を実現するためのクラス機能を付加しました。

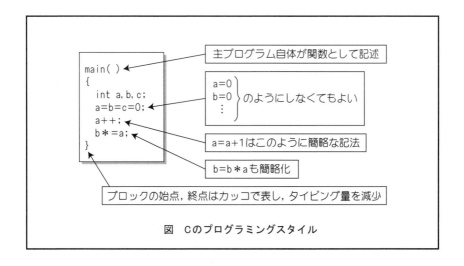

図　Cのプログラミングスタイル

4.8 Java

Java 言語は，サンマイクロシステムズ社が開発した言語で，1995 年に発表されました。ネットワークに接続された異なる種類のコンピュータ上でアプリケーションを開発することが容易に行えるようにすることをめざして作られたものです。

Java 言語の文法は，C++を元にしていますが，ネットワーク上での利用という点を考慮して多くの変更が施されています。また，C++言語における特徴であるポインタ，構造体，多重継承，演算子のオーバロードといった概念を，プログラムが複雑化する要因と考えて省き，バグが発生しにくくなるように設計されています。

Java 言語はコンピュータの種類によらず，共通して同一の Java プログラムが使用できます。ネットワーク上の他のコンピュータに対してアプレットという形式の Java プログラムを必要に応じて，ネットワーク上でコンピュータ同士が接続された時点で送り，動作させることができます。通常，アプレットは WWW ブラウザ上で Web ページを閲覧する際，Web ページのデータとともにダウンロードされ，実行が行われます。

Java アプレットにはセキュリティ（安全性）の確保のために，次のようないくつかの制限が施されています。

- ファイル操作の制限
- アプリケーション起動の制限
- 通信相手の制限

これらの制限は，特に外部ネットワークなどからの不正な侵入による被害が発生するのを防ぐ目的で設けられています。勝手に外部からファイルを操作されたり，プログラムを送り込まれて外部から起動されないようにという配慮から設けられた機能制限です。

Java のプログラムは，作成時にバイト・コードと呼ばれる中間言語の形で記録されます。このバイト・コードが，プログラムを実行するコンピュータ

上でインタプリタ（Java Virtual Machine：Java 仮想マシン）により解釈されながら実行されます。そのために実行速度は，通常のコンパイラ型の言語である C++などに比べてかなり遅くなります。この点を解決するために，JIT（Just in Time）コンパイラと呼ばれる機能が開発されました。JIT はバイト・コードを機械語に翻訳・記録しながら実行し，2 回目以降の実行は記録した機械語を実行することで，きわめて高速な処理が行えるというものです。

　Java は，開発当初は情報機器や家電製品への組み込み用言語として開発されていたという経緯を持ちます。そのおかげで現在では，メモリ容量や CPU 処理能力などに制限のある携帯電話での Java アプレットの実行も可能となっており，各種の携帯電話用 Java プログラムが作られ，利用されるようになっています。

　サンマイクロシステムズ社では JDK（Java Development Kit）という Java プログラム開発用のキットを公開・提供しています。JDK は誰でも無償で入手でき，Java プログラム開発を行えるという点も，Java の普及を進める推進力の 1 つになったものと考えられます。

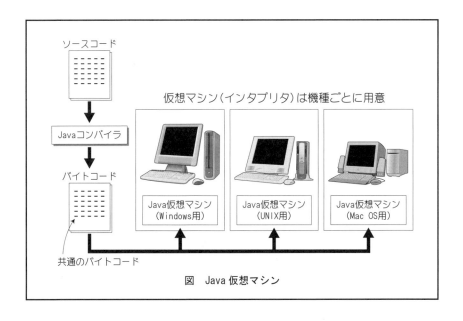

図　Java 仮想マシン

4.9 テキスト処理言語

各種のテキストデータを処理するためのインタプリタ形式の言語がいくつも開発されています。それらの多くは，ちょっとした処理を簡易に行うのに向いていますが，機能を次々に強化し，インターネット上のサーバで使われるようになっているものもあります。このようなプログラミング言語はスクリプト言語と呼ばれることがあります。

- sed（セド）
  行単位で入力された文字列データを対象にして置換，検索，追加，削除などを行います。正規表現を使用することで，強力な文字列処理が可能です。
- awk（オーク）
  awk も sed に似た処理を行えますが，より強力でプログラミング言語として豊富な機能を持っています。配列を使用したり，繰り返しなどの制御構造を使用できます。
- Perl（パール）
  sed や awk の機能を取り込み，さらにパイプ，メッセージ，ソケットなどの OS に結びついた機能をも持ったプログラミング言語です。オブジェクト指向プログラミングが行えるように改良され，大規模な開発にも耐えうるものとして，Web サーバ上の CGI プログラムにも使われます。

これらのテキスト処理言語は，正規表現を用いた処理を行えるようになっています。正規表現は文字パターンに対する検索，置換，削除などを行う際に利用すると効果的です。たとえば，変数 $a に記憶されている文字列の中の「数字以外」をすべて x に置き換える処理を正規表現を用いて Perl で記述すると，

  $a =~ s/[^0-9]+/x/g

という簡単な記述で済んでしまいます。この中の"[^0-9]+"の部分が正規表現で「0 から 9 までの文字以外の文字の 1 個以上の繰り返し」を表す部分です。

正規表現は具体的な文字そのものでなく，文字列があてはまるパターンを表現する方法として，これらのテキスト処理言語に組み込まれています。

● **正規表現**

正規表現は，「長さが5文字の文字列」とか，「数字からなる文字列」などのような，共通した性質を持つ文字列の集合を表すことができます。指定した性質に適合することを**マッチする**と言います。パターンとして検索する文字そのものを指定することもできます。以下に正規表現のパターンの一部を示します。

- 選択　A|B
  パターンAかBのどちらかにマッチする。
- 一項選択　A?
  ?の直前のパターンは0か1個であることを指定。
- ワイルド文字　．（ドット）
  どんな文字の代用にもなる。「.」はあらゆる1文字を指定。
- 文字クラス（文字の範囲）[abc]
  カギ括弧内のどれかの文字。[Tt]は(T|t)に同じ。
- 文字クラス（文字の範囲2）[a-c]
  文字コード順で範囲を指定。[b-d]は[bcd]に同じ。
- 範囲の除外　[^abc]
  ^の後に続く文字を除いた文字を指定。
- 繰り返し　{n,m}
  直前のパターンがn個以上m個以下並んでいることを指定。

[例]　　[^0-9]　　　　：数字以外の1文字にマッチ。
　　　　Play(ing|ed|s)　：PlayingとPlayedとPlaysにマッチ。
　　　　[0-9]{2,5}　　　：数字が2桁以上5桁以下並んでいるものにマッチ。

4.10 開発環境

ソフトウェアの開発には多大なコストがかかります。そのコストを少しでも減らし，効率よく開発を行うために，各種のソフトウェア開発支援用のソフトウェアツールが用いられています。

● **make ツール**

コンパイラ型のプログラミング言語では，ソースプログラムをいったん保存し，それを機械語プログラムに変換し（コンパイル），さらに実際にコンピュータで動かすために必要なソフトウェアの部品（ライブラリモジュール）を結合して実行するという作業を行う必要があります。一般に，ソースプログラムはいくつかに分割されて作成され，それぞれがコンパイルされて保存されますが，一部のソースプログラムを変更した場合に，すべてのソースプログラムをコンパイルし直す必要はなく，変更が行われたソースのみをコンパイルすればよいのです。どのファイルをコンパイルし，どのようなライブラリモジュールを結合すればよいかといった作業手順を，自動的に判断し行ってくれるのが **make ツール**です。

● **バージョン管理ツール**

プログラムに変更を加えていった場合に，どのファイルが，いつ，どの部分を変更されたのかを管理する必要があります。このような作業を**バージョン管理**と呼びます。たとえば，SCCS（Source Code Control System）は古いバージョンと新しいバージョンの変更部分（差分）を1つのファイルにまとめて保存し，必要に応じて古いバージョンのソースプログラムを呼び出すことができます。

● **デバッガ**

プログラムのなんらかの間違いを**バグ**と呼びます。プログラムは人間が作るものなのでバグが発生することは避けられませんが，それを容易に見つけることができるようにするソフトウェアが**デバッガ**です。デバッガは，(1) プログラムの実行を1命令ずつ停止させながら行う，(2) 指定した場所

でプログラムを中断する，(3) 実行中のプログラム内の変数（数値などを記憶するもの）の内容を表示する，といった機能を持っており，プログラムのどこで異常が発生したのかなどを特定するのに役立ちます。

● プロファイラ

プログラムの実行が効率的に行われているかどうかを調べるためのソフトウェアが**プロファイラ**です。プロファイラを使用すると，プログラムの各部分がそれぞれ何回実行されているか，などの情報を得ることができます。これによってプログラム内でむだな処理を繰り返していないかなどを調べることができます。

これらのソフトウェアを統合し，ソースプログラムを入力するためのエディタ，プログラミング言語のコンパイラなども組み込んだ統合開発環境（IDE）と呼ばれる開発用のソフトウェアも広く用いられています。Eclipse, Visual Studio, NetBeans, Android Studio など多くの種類の IDE が広く利用されています。

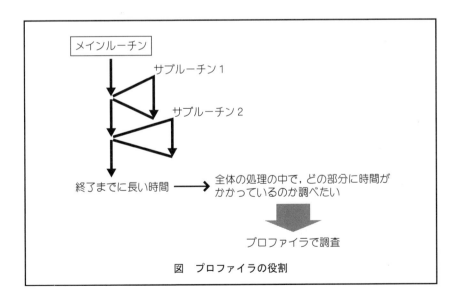

図　プロファイラの役割

4.11 オペレーティングシステムの役割

オペレーティングシステム（OS）とは，次のような役割を果たすためのソフトウェア群です．

- コンピュータを効率よく動かすために，コンピュータの**資源**（CPU，メモリ，入出力装置などのコンピュータシステム全体を構成する各要素）を管理する．
- 1つのソフトウェアがいろいろなコンピュータ上で動くようにハードウェアの違いを吸収する．
- 操作する人間にとって使いやすい環境を提供する．

オペレーティングシステムは，**制御プログラム**，**言語プロセッサ**，**ユーティリティプログラム**などに分けることができます．また言語プロセッサやユーティリティは，OS に含めない場合もあります．制御プログラムは，さらに次のような部分に分けることができます．

- **カーネル**：メインメモリに常に置かれる OS の中心的な部分で，メモリ管理，ジョブ・タスク（プロセス）・スレッドの管理などを行います．
- **デバイスドライバ**：コンピュータに接続される各種の装置の制御を行います．
- **ファイルシステム**：外部記憶装置にデータやプログラムを記録・読み出しするために必要な処理を行います．

タスクは，メモリや CPU などのコンピュータの資源を使うときの実行単位です．何らかの処理を行う際には CPU による計算以外に，ファイルの読み書き，メインメモリの使用，エラー発生時の処理などを行いますが，これらを分割した単位を**タスク**あるいは**プロセス**と呼びます．

利用者がコンピュータに与える仕事の単位は**ジョブ**と呼ばれます．ジョブが入力されると複数のタスクが生成され，システム資源を有効に使えるようにタスクの実行は管理されます．具体的には実行中のタスクを一時中断（プリエンプション）して実行可能状態にし，実行可能状態になっている別のタ

スクを実行させる処理（ディスパッチ）を行います。磁気ディスクへの書き込みなどを行う際は，その入出力動作が完了するまでタスクは待機状態となります。タスクの処理順序を決めることを**スケジューリング**と呼びます。システムを効率的に動かすために，スケジューリングにはいくつかの方式があります。

- **FIFO（フィフォ）方式**：タスクが生成された順に処理を実行します。
- **ラウンドロビン方式**：あらかじめ定めてある CPU 使用制限時間に達したら，実行を中断し，実行可能状態での待ち行列に入れます。
- **優先順位方式**：実行可能状態のタスクの中で，優先順位の高いものから実行します。
- **処理時間順位方式**：実行時間が短くてすむタスクから実行します。
- **エージング方式**：実行待ちの状態が長く続いているタスクを優先的に実行します。
- **イベントドリブン方式**：入出力の完了，指定時間の経過，割り込み発生などをトリガとしてスケジューリングを行います。

マウスなどによって画面上の図形を操作することで直感的なコンピュータ利用を可能にする GUI（Graphical User Interface）は，初心者でも利用しやすいコンピュータシステムを提供します。

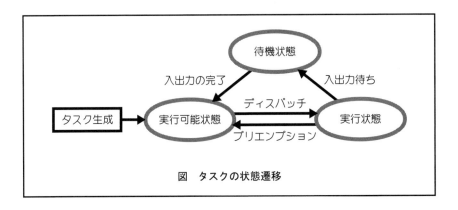

図　タスクの状態遷移

4.12 カーネルの働き

　オペレーティングシステムの中核となる**カーネル**はコンピュータ上で動くプログラムに対して，メモリとCPUの処理時間（コンピュータの資源，リソース）を割りあてます。プログラムはプロセスという単位に分割されてリソースの割りあてを受けます。特にCPUを使用する処理単位だけを細分化してスレッドとして扱います。スレッドは，1つのプロセス内に複数個作成できます。OSは複数のスレッドの実行を切り替えてマルチタスク（複数の処理を並行して行う）を実現しています。

　コンピュータシステムの重要な機能に関連する処理は，不用意に行うとシステム全体を動作不能にしたり，動作中の他のプログラムのデータを壊してしまったりする危険性があります。そこでこのようなシステム全体の動作に影響するような処理は，プロセスが特別の動作モードにあるときのみ実行可能になるような制限が設けられており，この動作モードを**特権モード**（**スーパバイザモード**，**カーネルモード**）と呼びます。また，一般のプロセスが動作するモードはユーザモードと呼びます。

　通常の処理ではユーザモードでプロセスを動かしておけば，もしプログラムのミスなどにより他のプロセスが使っているメモリ領域を書き換えようとしても，その処理は拒否され「例外処理」が発生してオペレーティングシステムに制御が移り，エラー処理を行うことができます。これにより1つのアプリケーションのエラーがシステム全体におよんで，システムの停止（クラッシュ）を招くような事態を防ぐことができます。

● 仮想記憶

　仮想記憶制御ではメインメモリとして用いられている半導体メモリ以外に，2次記憶装置を仮想的なメインメモリとして割りあてます。この仮想的なメインメモリを使用することで，メインメモリの不足が発生しないようにすることができます。2次記憶装置の仮想メモリの方へ置かれたデータやプログラムは，実際に処理が行われる際には半導体メモリに移してか

ら処理されます。そのときに半導体メモリ上に置かれていたデータは逆に2次記憶装置側に移されます。

仮想記憶は実行中の複数のプログラムのそれぞれに独立した記憶場所（論理記憶空間）を与えることができます。これによりコンピュータ上で作動するプログラムは，他のプログラムがメインメモリのどの部分を使用中であるかを気にせずに処理を行うことができるのです。

● **割り込み処理**

コンピュータは，メモリの中に実行するべき命令の並んだプログラムを置き，各命令を基本的には順番に実行していきます。プログラムの実行中になんらかの原因によって処理が中断され，別のプログラムが実行される場合があります。このような動作を**割り込み**（interrupt）と呼びます。

割り込みが発生した場合，まず実行中のプログラムは中断されますが，後で再開できるように割り込み発生直前のCPUの状態を記録します。その後，割り込みの種類ごとにあらかじめ定められているメモリ番地内のプログラム（割り込みプログラム）の実行を行い，それが終了した後に中断していたプログラムの続きを実行します。

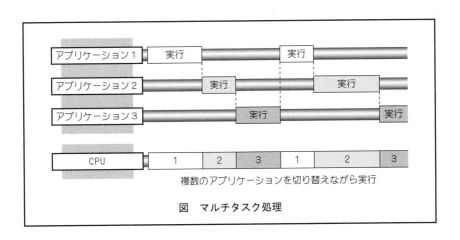

図　マルチタスク処理

4.13 OS発達の歴史

初期のコンピュータでは，利用者は16進数で表された機械語命令か，機械語を記号化したアセンブリ言語を用いてプログラムを作成していました。後にFortranやCOBOLなどの高水準言語が開発され，プログラミングは格段に容易になっていきましたが，コンピュータへのプログラムの格納（ロード）や，実行，各種の外部機器（プリンタ，磁気テープなど）の準備などの操作は細かい部分まで人手でやらなければなりませんでした。コンピュータの利用を効率化するために開発されたのがオペレーティングシステムです。

- **モニタ**

  初期のコンピュータでは，連続運転することで利用効率を上げるために**モニタ**と呼ばれるプログラムが使用されるようになりました。モニタは常にコンピュータ内で動作し，プログラムのコンパイル，実行などの操作手順を記述したカードを入力することで，処理を自動で行うことができるようになりました。

- **オンラインとタイムシェアリング**

  計算機をフルに作動させるために，多くの端末装置を接続して複数の人間が同時に異なる処理を行わせたり，あるいは通信回線を利用して離れた場所の端末からも操作が行えるような機能が組み込まれるようになりました。通信回線で結ばれたシステムを**オンラインシステム**と呼び，複数の人間が同時に操作を行えるシステムを**タイムシェアリングシステム**（Time Sharing System：TSS）と呼びます。

- **UNIX**

  UNIXは，1969年にアメリカのAT&Tベル研究所で開発されたオペレーティングシステムです。UNIXは設計が簡素であるためプログラムサイズが小型でいくつかの特徴を持っています。

  ・マルチユーザ・マルチタスクシステム

  ・キーボード，ファイル，ディスプレイなどを入出力先として自由に切

り替えることができるリダイレクション機能
- 階層型のファイルシステム
- Network File System（NFS）により，ネットワーク上のコンピュータを1つのシステムとして扱う

UNIXで採用された通信プロトコルであるTCP/IPは，インターネット標準プロトコルとして使われています。

● Windows

アメリカのマイクロソフト社は1980年代半ばにパーソナルコンピュータ用のWindowsオペレーティングシステムを開発しました。特徴としては，
- GUIによる操作
- アプリケーションソフトウェア間の操作性の統一
- 画面の文字表示のデザイン，大きさの自由度および品位の向上

などがあげられます。

マイクロソフト社は新しいバージョンのWindowsを次々に開発しています。ネットワークが発達・普及するにつれて，セキュリティの問題がたびたび発生して社会問題にもなる状況を防ぐ設計が加えられるようになっています。また画像表示チップの進歩にあわせて，旧バージョンではCPUが受け持っていた画面表示のための計算を画像表示チップが行い，画面の書き換えを高速化するなどの改良も行われています。

一方で，UNIX系のLinuxなどのフリーソフトウェア（代価を支払うことなく自由に使うことができるソフトウェア）のオペレーティングシステムが，ネットワークサーバとして業務用にも使用されるようになってきています。プログラムが公開されていること，全世界で有志による開発が共同で進められていること，などがソフトウェアの信頼性を高めているという評価を得ています。

4.14 スマートフォンの OS

　現在広く普及しているスマートフォンは，2007 年にアメリカ Apple Computer 社が発売した iPhone が最初でした。基本ソフトウェア (OS) には，自社で開発した iOS が使用されました。翌年にはアメリカ T-Mobile USA 社が，Android を OS として採用した T-Mobile G1 を発表しました。2009 年におけるスマートフォンの世界市場シェアでは，iPhone が 13%に対して Android は 1.8%程度であったものが，2016 年では Android が 88%，iOS が 12%といった状況であり，世界的には Android OS のスマートフォンが広く使用されています。

　iOS のソースコードは外部には非公開であり，Apple Computer 社の製品のみに使用されていますが，Android OS はアメリカ Android 社が開発を開始し，その後 Google 社が買収して開発した OS であり，その内部が公開されています。そこで，多くの携帯端末メーカーが Android OS を搭載したスマートフォンを製造，販売するようになっています。基本的にオープンソースであり，無償で利用することができます。

　Android OS は，オープンソースの OS として広く利用されている Linux をもとにして携帯端末用の OS として Android Open Source Project というプロジェクトでの開発が行われています。各携帯機器メーカーは，このプロジェクトによって開発された標準版 Android を改造して独自の機能を追加するなどして自社のスマートフォンに搭載して販売するという形をとります。

　Android OS は，標準で Java プログラムを実行するための仮想マシン(Dalvik / ver5.0 以降は ART) を搭載しています。また，Google 社も Android 用の標準的なアプリケーションを Java で開発して提供しており，Android 用のソフトウェア開発の標準言語として，Java が広く使われています。また，リレーショナルデータベースの SQLite を搭載しているため，データベース機能も容易に構築することができます。

　携帯端末にはいくつかの制限があり，Android OS はそれらの制限の中で快適に動作するよう工夫されています。

● メモリ容量の制限

スマートフォンでは，小型軽量で低消費電力とすることが求められます。パーソナルコンピュータのように多くのメモリは搭載できません。CPUも消費電力を抑えるために Android OS では基本的に画面の最前面に表示されているアプリケーションソフトウェアのみが動作し，後ろに回って表示されていないアプリケーションプログラムは，実行を停止した状態に置かれます。さらにシステムに必要なメモリが不足してきた場合には，自動的かつ強制的にアプリケーションが終了させられ，メモリを確保するという仕組みが組み込まれています。ただし，画面に表示はされないが動作を続ける必要のあるプログラム（サービスと呼ばれる種類），例えば音楽再生機能やメールの定期的チェック機能などは，画面表示が行われていなくても動作しています。それでもメモリが足りなくなったときには終了される対象にはなります。

● 消費電力の制限

小型軽量という条件を満たすために，厳しく制限されるのがバッテリーの容量です。スマートフォンの多くの種類には，リチウムイオンポリマー電池（LiPo電池）が用いられています。LiPo電池は蓄えられるエネルギー量（エネルギー密度）が多く，しかも軽量であるため携帯端末用の二次電池として適しています。ただし高温の状態に置くと電池の劣化が進みやすく，過充電（100％になっても充電電流を流し続ける）を行うとやはり劣化しやすいなどの特徴があるため，安全に長期間利用するためには取り扱いに注意が求められます。Android OS は消費電力を抑えるという点からも，前述のように実行されるアプリケーションは1つのみという特徴を持たせています。

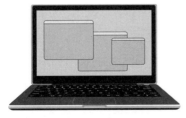
パソコン
どのプログラムも同時に実行

Android
画面に表示されている
プログラムのみが実行

図　実行されるプログラムの数

4.15 アプリケーションソフトウェア

　アプリケーションソフトウェアは，利用者が直接，目的とする処理を行うために使用するソフトウェアです。

● ワードプロセッサ

文書作成をコンピュータによって支援するためのソフトウェアが**ワードプロセッサ**です。ワードプロセッサは，主に次のような処理を容易に行うことができます。

・複写・移動
指定した部分の複写・移動を行うことにより，効率のよい文書作成ができます。ワードプロセッサではメモリ内のデータの変更・移動を行うだけなので簡単に処理できます。

・書式設定
印刷時の文書の体裁を書式設定によって整えることができます。

・図形，表の作成
ワードプロセッサの画面上で表や図形を文書内に作成できます。

・文書の保存
作成した文書はフロッピーディスクなどの記憶装置に保存し，後で再利用や編集を行うことができます。

・スペルチェック
英文を作成している場合に英単語の綴りをチェックする機能があります。また，文法のチェックをする機能も持っています。

● 表計算ソフトウェア

各種の事務計算では表形式で記入されたデータの縦，横の集計を行う処理が頻繁に発生します。このような処理を効率的に行うために画面上に表形式でデータを入力し，集計や平均などの各種の計算を指定された位置のデータに対して行うためのソフトウェアが**表計算ソフトウェア**です。.

現在の表計算ソフトウェアは，表の中のデータに対して単純な四則計算の他，財務関連や統計処理用の関数による計算も可能になっています。表計算ソフトウェアの機能や特徴としては次のようなものがあります。

- 多数のデータのうちの一部を変えての再計算が容易にできる。
- 表の大きさなどが自由に変更できるので，印刷時に希望の形式にできる。
- データの表示形式（金額，時間，日付，割合など）を指定し，自動的に単位を付けることができる。
- 計算された結果を利用して，自動的にグラフを作成できる。

アプリケーションソフトウェアでは，一般的な利用目的に合うように設計されているために特定の作業に使う場合には不便な場合もあります。このようなとき，利用者は自分の仕事内容に合わせて小規模なプログラミングを行い，必要な機能などを補うことができるようになっているアプリケーションソフトウェアがあります。ワードプロセッサや表計算ソフトウェアなどに付属しているプログラミング言語を**マクロ言語**あるいはスクリプト言語などと呼びます。マクロ言語を用いることで人間がキーボードなどで行う処理を，あらかじめプログラムとしてファイルなどに記録しておき，自動的に処理することができます。何度も行われる処理などはマクロ言語でプログラムを作成し，保存しておくと効率的なアプリケーションソフトの利用ができます。

マイクロソフト社は自社のワードプロセッサ，表計算ソフトウェア，データベースソフトウェアなどに共通の Visual Basic for Application（**VBA**）というマクロ言語を組み込んでいます。VBA は BASIC 言語をもとにしており，Windows オペレーティングシステムに密接に関連した非常に強力な機能を持っています。

4.16 プロジェクト管理

プログラム開発やその他のプロジェクトの日程を管理する手法として，PERT（Program Evaluation and Review Technique diagram）と呼ばれる方法があります。PERTでは，プロジェクト全体の進行の遅れに直接的な影響のある作業がどの部分であるかを把握することができ，重点的な管理を行うことができます。PERTによる管理は，次のような手順により行います。

● 作業リスト作成

作業名，当該作業開始前に完了していなければならない先行作業，当該作業完了後に開始できる後続作業，当該作業遂行に必要な所要日数，作業の関連性を示す項目が入った表を作成します。

● アローダイアグラム作成

作業リストをもとに，アローダイアグラムを作成します。この中で，各作業は1つの矢線（アロー）で表されています。矢線上には作業名と所要日数を記入します。作業の矢線の両端には○で囲んだ番号を矢線の向きに従って大きくなるように記入します。この部分は結合点と呼びます。

● プロジェクトの所要日数の算出

所要日数は前進計算により行われます。これには，結合点①から順に，各経路での所要日数の最大値を最早結合点時刻として求めていきます。⑧の結合点まで最早結合点時刻を求めるとプロジェクトの所要日数が計算されます。

● 最遅結合時刻の算出

最遅結合時刻は最後の結合点⑧から逆方向にたどりながら計算していきます。最後の結合点の最遅結合点時刻はその結合点での最早結合時刻と同じです。その他の結合点では，直後の最遅結合時刻から当該作業の所要日数を差し引いたものをその結合点での最遅結合点時刻とします。複数の作業が開始する結合点では，各経路の所要日数のうち最小の値を最遅結合時刻とします。それぞれの最遅結合時刻は，最早結合時刻の下のマスに記入します。この一連の計算を後進計算と呼びます。

● クリティカルパス

プロジェクトを予定通り完了させるために作業の遅れが許されない経路であるクリティカルパスを求めます。クリティカルパスは最遅結合時刻と最早結合時刻が同じである経路を結んだものです。例では①→②→④→⑦→⑧となります。この経路の作業はいずれも遅れが許されないため、重点的に管理することになります。

表　作業リスト

作業名	先行作業	後続作業	所要日数	作業関連性
A	―	B,C,D	4	A→B, A→C, A→D
B	A	E	6	A→B→E
C	A	F	5	A→C→F
D	A	G	2	A→D→G
E	B	H	1	B→E→H
F	C	H	2	C→F→H
G	D	I	1	D→G→I
H	E,F	―	3	E→H, F→H
I	C,G	―	6	C→I, G→I

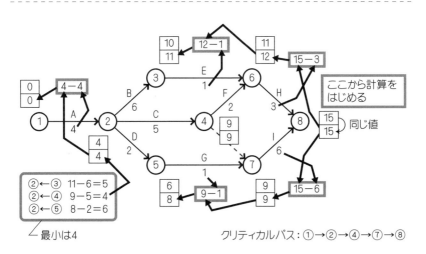

図　アローダイアグラム

4.17 システム開発の生産性

ソフトウェアの開発には膨大な労力・コストが必要とされます。そこでソフトウェア開発に必要とされる知識を繰り返し再利用できるようにする工夫が行われます。

● 共通モジュール化

ソフトウェアを構成する各部分を再利用できるように構成しておくことです。再利用したい部分はプログラムの部品としてライブラリモジュールとしてひとつにまとめられ，必要に応じて取り出して，作成しているプログラムに結合させます。

さらに，ソフトウェアの部品だけでなく，ソフトウェアの開発工程に必要な各種の知識まで含めて再利用できるようにしていくための再利用技術の研究が行われています。

● リバースエンジニアリング

既存のプログラムや付随する資料などをもとに，他者の作成したプログラムの構造や仕様などを調べることです。

● フォワードエンジニアリング

システムの仕様からソフトウェアを作り出すことです。

リバースエンジニアリングとフォワードエンジニアリングは，既存のソフトウェアやシステムを解析し，新しいシステムを開発していくリエンジニアリングの中の技術です。

ソフトウェアの再利用という面では，オブジェクト指向設計が効果的な手法です。オブジェクト指向設計ではデータと，データの処理のための手続きが一体化（カプセル化）されて扱われます。このカプセル化によってデータへの不必要な直接アクセスがなくなります。これを情報隠蔽と呼び，バグの発生を防ぐことができます。またデータの局所性が高くなり，部品であるオブジェクト内部での設計変更などに対して，それを使用している外部が影響

を受けることがなくなり，オブジェクトの保守性も高まることになります。このような特徴から，特に大規模なソフトウェアの開発においては，オブジェクト指向設計が利用されるようになっています。

構築されたシステムが正常に運用されつづけるためには，システムの維持管理作業が重要です。保守作業は次のような種類に分類されます。

● **事後保守**
システムに障害が発生したときに行う保守です。

● **予防保守**
計画に基づいて行う保守で，装置の劣化などがないかチェックしたり，長期間使用されている装置の交換などを行います。

● **遠隔保守**
通信回線を通じてシステムの状態を監視します。障害が発生した場合には状態の分析なども遠隔操作で行うことができるようにしています。

● **オンライン保守**
停止させることができない重要なシステムで，運用を続けたまま部品交換などの作業を行います。2重化されたシステムでは各部の部品，電源装置などを，システムを稼働させたまま交換することができます。

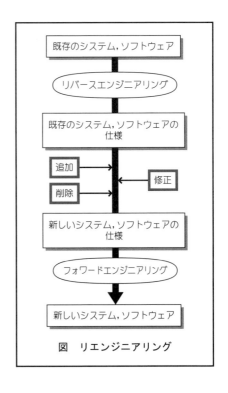

図　リエンジニアリング

4.18 ニューラルネットワークと遺伝的アルゴリズム

コンピュータの演算速度は非常に高速になっています。しかしそれでも，人間の脳が行っている「学習」，「パターン認識」，「直感的な判断」などはなかなかうまく行えません。そこで，生物の脳の働きや進化のメカニズムをもとにして，情報工学に応用しようという手法が研究・開発されています。

生物の脳の働きは，情報の伝達・処理を行う細胞である神経細胞（ニューロン）によって担われています。ニューロンは，情報を受け取る樹状突起と情報を発信する軸索を持っています。樹状突起は細胞体から複数本出ていることが多く，その先端は枝分かれしています。軸索は細胞体からは1本が出ており，途中で側枝（軸索側枝）を出している場合があります。軸索の末端では多くの枝分かれ（終末側枝）を発生しています。神経細胞が情報を伝えるときは，細胞体から電気信号として軸索を末端方向へと伝わっていきます。末端で他の神経細胞へ信号を渡す際には，神経伝達物質を出して伝えます。

● ニューラルネットワーク

生物の脳の中で行われている情報処理の方式をコンピュータで模擬しようというものです。脳を構成する細胞であるニューロンは他のニューロンからの信号を受けて，その総和がある値を超えると次のニューロンに信号を発していきます。この仕組みをもとに，コンピュータでパターン認識などの処理に応用しようというのがニューラル（ニューロ）ネットワークです。

● 遺伝的アルゴリズム

遺伝的アルゴリズム（Genetic Algorithm：GA）は生物における遺伝と進化の仕組みをコンピュータプログラムの中で模擬するものです。高等な生物では，有性生殖による増殖が行われるために，子の遺伝子は親とは少し異なるものとなります。また，突然変異による遺伝子の多様性が起こる場合もあります。自然界ではいろいろな遺伝子を持った個体の中で環境への適応能力が優れたものが自然淘汰で生き残り，次の世代へと優先的に伝えら

れていき，適応能力の優れた固体が多くなっていきます。GA では，一定数の初期集団を用意し，「選択」，「交叉」，「突然変異」という処理を施すことを繰り返して，問題解決に最も優れた個体（解）を見つけることをめざします。GA は，必ず最適解を求めなくてはならないという場合には向いていません。ある程度の良好な解を少ない計算量で求めたい場合に向いています。GA は次のステップで構成されるのが一般的です。

1. 初期配列決定
    最初の世代の性質を決めます。
2. 交叉
    親の個体の遺伝子を組み合わせて，新たな個体を作ります。
3. 突然変異
    ある程度低い確率で突然変異を起こした個体を作ります。
4. 評価
    どの個体が優れているか（適応度）を検査します。
5. 淘汰
    環境に適応しない個体（適応度の低い個体）を淘汰（削除）します。
6. 終了判定
    あらかじめ決めた回数繰り返したか，あるいは適応度が設定値を越えたら終了し，そうでなければ 2 に戻って繰り返します。

上のステップを繰り返すことで，目的とする答えを求めるのが GA です。

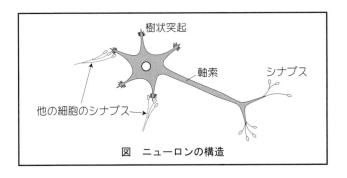

図　ニューロンの構造

4.19 人工知能

人工知能という言葉は1950年代から使われるようになっています。これまでに人工知能ブームともいうべき時期が3度ありました。第1次ブームは1950年代，第2次ブームは1980年代，そして第3次ブームが2000年代後半から現在に至っています。第1次と第2次の後は冬の時代とも言える，人工知能研究への冷めた見方が広がった時期もありました。

第3次ブームではディープラーニングという技術がキーワードになり，囲碁ゲームにおいて英国 DeepMind 社のプログラム Alpha Go が2016年に囲碁のトップ棋士に勝利し，Alpha Go で用いられている「強化学習」が注目されるようになってきました。また**技術的特異点**（シンギュラリティ）という言葉が2005年にレイ・カーツワイルにより提唱され，社会の関心を集めました。

技術的特異点とは，人工知能が自分自身でさらに高性能な人工知能を開発していくという段階に至ると，指数関数的に人工知能の進歩が加速し，現在の技術レベルでは想像できないような高度な人工知能が現れ，社会が大きく変わっていくのではないかという時期を表します。カーツワイルはこの時期を2045年ごろと予測しています。

特に2012年ごろから，人間社会のいろいろな分野に応用できるという具体的な期待が高まった結果，Google や Amazon などのインターネット関連企業や，自動運転をめざす自動車メーカーなどが莫大な研究投資を人工知能に対して行うようになってきています。前述の DeepMind 社も2014年に Google 社に買収されています。

コンピュータに学習を行わせる手法（機械学習）には，教師あり学習，教師なし学習，強化学習があります。教師あり学習は，この画像は犬である，次の画像は人間であるなどのように入力データと正解がセットになっている訓練データを使って学習することです。教師なし学習は，正解のない訓練データで学習を行うことです。コンピュータに画像や音声など膨大なデータを読み込ませて，コンピュータ自身でデータの持つ特徴量を求め，それに従ってパターンやカテゴリーに分類したり，クラスタ分析，規則性や相関性，

特徴，特異性，傾向等を分析させたりします。

　強化学習は機械に試行錯誤させて失敗と成功から学習させます。教師あり学習や教師なし学習のような明確なデータを元にした学習ではなく，プログラム自体が与えられた環境を観測し，一連の行動の結果，報酬が最も多く得られる行動を自ら学習していきます。教師あり学習と似ているようですが，与えられた正解（報酬）をそのまま学習するのではなく，広域的あるいは長期的な「価値」を最大化するように学習していきます。

● AlphaGo

　AlphaGoは2015年に碁のヨーロッパチャンピオンを破り，2016年には韓国の最強プロ棋士の一人と言われたイ・セドル九段に4勝1敗で勝利しました。2017年には当時世界のトッププロ棋士であった中国の柯潔九段に3連勝しました。AlphaGoは機械学習を行う際に，まず教師あり学習によって多くの過去の囲碁対局データ（棋譜）を入力して，人間の上級者の打ち方を学習させます。この後，自分自身との対戦を繰り返す強化学習によって強くなっていきます。コンピュータ同士の対戦は短時間で進められるので，非常に短い期間で強いプログラムが作り上げられていきます。

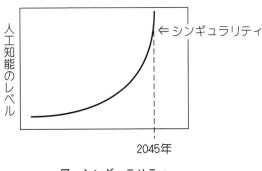

図　シンギュラリティ

4.20 ディープラーニング

　生物の脳神経系を形成するニューロンを数学的モデルで表し，プログラム化したものが情報工学における**ニューラルネットワーク（NN）**です。各ニューロンは入力されたデータそれぞれに対し重み（パラメータ）を掛けて加え合わせ，その値がある水準（閾値）を超えていれば出力を1に，そうでなければ出力を0にするように動き，この出力が次の層のニューロンの入力データとして送られます。NN においては入力データに対して出力層で正しい答えが出るよう，パラメータを調整する作業（学習）が必要ですが，隣の層の各ノードへの信号伝達の重み付け（次図では W）を1回の学習ごとに調整して，出力結果が教師データ（正解）に近づくようにしていくことで，誤差の少ない結果を出せるようにしていきます。

　ニューラルネットワークを発展させた仕組みが**ディープラーニング**（Deep Learning）です。これはディープニューラルネットワーク（多層のニューラルネットワーク）を用いた機械学習です。NN の持つ中間層を多階層化し十分な量のデータを与えることで，コンピュータが自動的に特徴を抽出してくれるものです。自ら学習することによって画像に対するパターン認識能力を獲得していくことができます。外部から教えられることなく概念を自分で形成することができる能力があるとされています。ディープラーニングは，画像や音声の認識に特に大きな成果を上げていて，これらを使用する多くの分野で実用化されつつあります。

● 過剰適合

　過学習とも呼ばれます。機械学習では訓練データを用いて学習を行っていきますが，訓練データは一般データとは異なる特定の傾向，特徴を持っている場合があります。これは本来学習させようとする対象データの特徴とは無関係なものですが，この無関係な特徴を学習してしまうと，本来の対象データに対して学習成果を適用した場合に，誤差が大きくなってしまう，つまり誤りが増加してしまう場合があります。せっかく訓練データを使っ

て学習量を増やしても，実際に対象データの分析（例えば手書き文字の認識）に使うと逆に誤りが増える，または誤りを減らすことができなくなるという状態を**過剰適合**と呼びます。

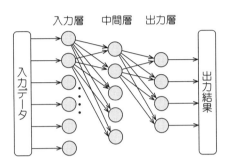

図　ニューラルネットワークの構造

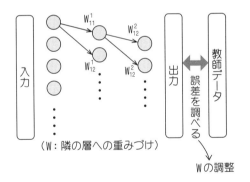

図　NNにおける学習の仕組み

4.21 ソフトウェアの著作権

著作物とは，思想または感情を創作的に表現したもので，事実を羅列しただけのもの（県名一覧表や証券の様式など）は著作物にはなりません。コンピュータプログラムについては，命令の組み合わせ方にプログラム作成者の学術的思想が表現され，個性的な相違があるので著作物として扱われます。ただし，解法や論理などのいわゆる「アイディア」には著作権はおよびません。また，プログラム言語（FORTRAN，C言語，Javaなど）の言語体系（文法）も同様に扱われます。

データベースに関しては，著作物として規定されるのは，情報の選択または体系的構成に創作性のあるものです。また，他人の著作物をコンピュータ内のデータベースに蓄積する行為は，**複製行為**とみなされ，著作権者の許可が必要となります。

ネット配信については，インターネットによる音楽，映像ソフトを流通させるといったビジネス形態も増加していますが，実演家およびレコード製作者に送信可能化権が認められています。

ソフトウェアの著作権には次のような権利があります。

・複製権
　プログラムを複製する権利
・公衆送信権
　無線または有線で公共にプログラムを送信する権利
・翻案権
　プログラムを翻案する権利。翻案とは，あるプログラムの仕組みや処理の流れなどを利用して他のプログラムを作るような行為
・貸与権
　プログラムを貸与する権利
・譲渡権
　プログラムを譲渡する権利

著作者人格権は，著作者自身の人格を保護するための権利です。これは他人に譲渡することはできないので，発注元が開発されたソフトウェアの権利を譲渡してもらうような場合には，「著作者人格権の行使をしない」旨の契約を行う必要があります。

著作者人格権には3つの権利があります。

- 公表権
  プログラムを公共に提供，提示する権利
- 氏名表示権
  著作者名をプログラムに表示する権利
- 同一性保持権
  プログラムが著作者の意に反する改変を受けない権利

● フリーソフトウェア

著作権によるソフトウェアの保護という動きに対して，ソフトウェアの共有を進めようとする活動も行われています。ストールマン（Richard Stallman）によって設立された Free Software Foundation（FSF）はコピーレフトという概念を示し，ソフトウェアの自由な使用，配布，改変を進める活動を行っています。このコピーレフトは，著作権に基づいた主張であり，「GNU，GPL」というライセンス形態が，フリーソフトウェアのライセンス条件として広く使用されています。FSF では，各種のプログラムを完全にライセンスフリーで作っていくことを目的として活動しており，多くのボランティアの手によって，非常に優秀なソフトウェアが作られています。

● オープンソース

ソフトウェアを多数のボランティアによって改良していくためには，そのソースコードが公開されていなければなりません。これを**オープンソース**と呼び，Linux をはじめとして，多くのソフトウェアがオープンソースのソフトウェアとして開発・改良されています。

第4章 演習問題

(1) コンパイラとインタプリタでのプログラム実行方式の違いを説明してください。一般にプログラムの実行が高速なのはどちらでしょうか。

(2) オブジェクト指向プログラミングにおいて，設計図にあたるものと，そこから作られる実体をそれぞれ何と呼びますか。

(3) Java 言語において，特にネットワーク上で使用されることを想定し，セキュリティを考慮したプログラム形式を何と呼びますか。

(4) 正規表現を用いて次のような条件にマッチするパターンを作ってください。
「アルファベット以外の文字が 5 個以上 8 個以下並んでいる部分」

(5) 「マウスをクリックしたら指定された処理を行う」というタスクスケジューリングはどのような方式ですか。

(6) オープンソースとして開発され，広く使われているソフトウェアにはどのようなものがあるか調べてください。

(7) 著作者自身の人格を保護するための権利を何と呼びますか。それは具体的にはどのような権利から構成されていますか。

第5章

ネットワーク

　インターネットの爆発的な普及と，WiFi や FTTH といった技術の急速な普及が，情報社会の生活への浸透を推し進めています．常時，ネットワークに接続された環境が個々人の生活の中に出現した現在，ネットワーク技術の理解は不可欠です．
　本章では，ネットワークが発達してきた過程を振り返りながら，ネットワーク関連の各種の技術について述べています．

5.1 コンピュータネットワーク発達の歴史

コンピュータとコンピュータをつなぐことによりコンピュータネットワークが構成されます。このネットワークを通じて，コンピュータ間でデータのやり取りを行うことによって情報の利用効率が飛躍的に高くなり，孤立したコンピュータ単体では到底考えることのできなかったような利用法が普及するようになってきました。世界中のネットワークを結ぶインターネットは仕事や趣味などに広く活用されており，日常生活においても不可欠のものとなっています。

歴史的にはアメリカで作られた ARPANET（アーパネット）というネットワークがインターネットの母体となりました。**ARPANET** は，アメリカ国防総省の中の ARPA（Advanced Research Projects Agency）によりコンピュータネットワークの実験の目的で開発されたネットワークです。ARPANET は核戦争においても機能する軍事目的のネットワークの開発，すなわち核攻撃などによりネットワークの一部が破壊されてもデータをやり取りすることが可能なシステムの研究を目的に作られ，1969 年に動き出し，その後 1990 年まで稼働しました。

ARPANET でのデータ転送はパケット交換という形で行われました。この方式は現在のインターネットでも用いられています。送られるデータは**パケット**という小さなデータ単位に分割され，送信元から送り出された後はネットワークにつながっているコンピュータを次々に経由して目的地に向かって送られていきます。このパケットの技術は現在のネットワークにおいても重要なものですが，ARPANET で初めて使われたものでした。その他，データ転送に関する**プロトコル**（データをやり取りする際の約束・手順，後に詳しく記述）と呼ばれるいくつかの技術も ARPANET において開発されました。たとえばインターネット上で公開されているホームページを作成，管理する場合に必須の FTP や TELNET というプロトコルが，これに該当します。

一方で，全米科学財団（NSF：National Science Foundation）は，スーパコンピュータを多くの教育・研究機関でネットワークにより相互に利用できる

ようにするための NSFNET を構築しました。この間にも ARPANET は大きく発展していき，1989 年には研究目的に ARPANET，軍事利用目的に MILNET という 2 つのネットワークに分割されました。その際，ARPANET は NSFNET に吸収され，研究用としては NSFNET が中心的なネットワークとなりました。NSFNET と MILNET という 2 つのネットワークもまた相互に接続され，アメリカの 2 大基幹ネットワークとなりました。これにさらにいくつかのネットワークが接続して大きな混成ネットワークとして成長していったのです。また，アメリカ国内だけではなく世界中のネットワークも相互に接続され，地球規模での 1 つの巨大なネットワークとなりました。この混成ネットワークは ARPA インターネット，Federal Research インターネット，TCP/IP インターネットといった名称に変化していき，現在では**インターネット**（the Internet）と呼ばれています。

　インターネットは，その発展の経緯から長い間，研究目的，公共目的での使用しかできませんでしたが，1991 年に NSF はインターネットの商用利用を行うための CIX（Commercial Internet Exchange Association）を設立し，以後，商用目的や個人でのインターネット利用ができるようになりました。

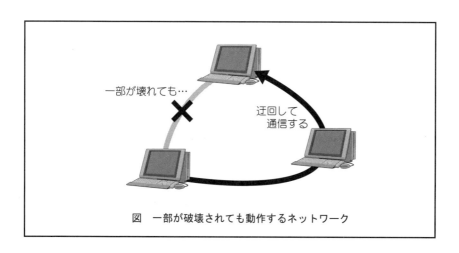

図　一部が破壊されても動作するネットワーク

5.2 OSI参照モデルとTCP/IP

ネットワークを用いての情報伝送の際には，送られる情報はいくつかの段階を経て電気信号に変換され，通信線路を通って受信され，元の形に再構成されます。このような過程においてデータを送受信するための規約が定められていなければなりませんが，この規約を**プロトコル**と呼びます。

OSI（Open System Interconnection）は，ISO が定めた異機種間でもネットワーク間の接続を容易に行うためのネットワーク構造の基本設計です。OSI のガイドラインとして OSI 基本参照モデルが定義されています。これは 7 つの階層構造で表した論理的な基本設計です。

TCP/IP は，インターネット，LAN，WAN などで広く利用されているプロトコルの体系です。大型計算機からパーソナルコンピュータにいたるまで広く普及しており，コンピュータの種類の違いなどにかかわらず，相互に接続して通信が行える環境が実現しています。TCP/IP は，OSI 参照モデルのトランスポート層に相当する TCP，ネットワーク層に相当する IP，などから構成されています。TCP/IP は当初 UNIX で使われ，その後インターネットの前身である ARPANET でも採用されました。

- IP

  IP は，ネットワーク内部およびネットワーク間の伝送プロトコルです。データの送信は，IP アドレスをもとに行われます。IP では送信元と送信先の IP アドレスの設定，ルーティングと呼ばれる通信経路の制御などを行うことができます。

- TCP

  TCP は，ポート番号に従ってデータの伝送を行います。**ポート番号**は，システム内で動いているアプリケーションごとに一意に定められている番号で，1 つのアプリケーションで複数のポート番号を使用することもできます。この番号を調べることで，システム内のどのアプリケーションにデータを渡せばよいのかを知ることができます。IP アドレスだけでは，コン

ピュータは特定できても，その中で動いているどのアプリケーションかを特定することはできないのです。主な TCP/UDP アプリケーションで用いられるポート番号は 0 から 1023 番までの間で予約されています。これらはウェルノウンポートと呼ばれています。

TCP はコネクション型の通信を行います。これはデータが相手に正しく届いているかを確認しながら送信することを意味します。この確認処理のための時間がかかることを避けたい場合には，TCP のかわりに UDP が使われます。UDP では相手にデータが正しく届いているかどうかは関知されませんが，TCP よりも高速な通信が行われます。

図　OSI参照モデル

図　OSIとTCP/IPの対応

5.3 TCP/IPの構成

　TCP/IPは，インターネットで標準となっている通信プロトコル群をさします。この中でTCPとIPの2つのプロトコルが中心的な役割であることからTCP/IPという名称で呼ばれています。

　通信プロトコルとしては，国際的な標準ガイドラインであるOSI参照モデルがあげられますが，インターネットではTCP/IPが標準プロトコルとして使われています。OSI参照モデルはさまざまな処理に対応するために複雑になっており，処理効率が悪いという問題があります。また，仕様の最終的な決定までに長い時間がかかってしまったこともあり，OSI参照モデルをベースにした効率のよいプロトコルとしてTCP/IPがつくられました。

　TCP/IPはアプリケーション層，トランスポート層，インターネット層，ネットワークインタフェース層の4つの層から構成されます。

● アプリケーション層
　最上位の層で，Webブラウザなどのインターネットを利用するためのアプリケーションソフトウェアが使用するプロトコルが含まれています。HTTP，SMTP，POP3などのプロトコルや，IPアドレスの付与を自動的に行うためのDHCPや，ドメイン名とIPアドレスを対応付ける役割をするDNSなどのプロトコル群がアプリケーション層のプロトコルです。

● トランスポート層
　2番目の層で，ポート番号の管理や，通信データをパケットに分割して送信したり，受信したパケットを並べてもとのデータに戻すプロトコル群です。TCPやUDPが含まれます。TCPは伝送途中でのデータの損失の有無や，誤りの検査を行う機能を持っており，送信したデータが無事に届いたかどうかを確認しながら通信を行います。一方，UDPではこのような確認機能はなく，その代わりにTCPよりも高速な通信が行えます。

● インターネット層
　3番目の層で，コンピュータのIPアドレス情報を管理するプロトコルであ

るIPが含まれます。IPは，上位のTCPから受け取ったパケットにIPアドレスなどの情報（IPヘッダ）を付け加え，IPパケットを生成します。そしてこれらのパケットを下位層のネットワークインタフェース層に渡します。受信側のIPは，受け取ったパケットのヘッダを参照して元のIPパケットに復元します。

また，IPはネットワーク間を接続するルータにも入っています。ルータはIPアドレスによる経路の選択（ルーティング）を行います。これは，パケットを次にどこへ送るかを決定する処理で，このルーティングを経路上のルータが次々に行っていくことで，世界中に広がっているインターネット上で通信を行うことができるようになります。

● ネットワークインタフェース層

MACアドレスなどを含むヘッダをIPパケットの先頭に付加します。また，ケーブルの電気的特性や，信号の変換が規定されています。

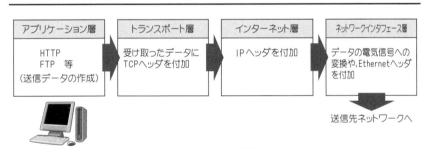

図　TCP/IPの構造

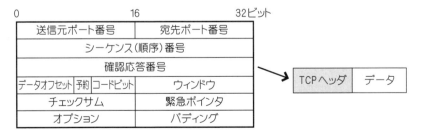

図　TCPヘッダの構成

5.4 IPアドレス

IPアドレスは，32 ビットで構成されます。この 32 ビットをネットワーク部とホスト部に分けて識別します。ネットワーク部とホスト部の幅は，その IP アドレスが使用されるネットワークの規模によって 5 種類のクラス（クラス A からクラス E）に分類されます。ネットワーク部でどこのネットワークであるかを識別し，ホスト部はそれぞれのネットワーク内で独自に管理し，そのネットワークに属するコンピュータに割りあてます。

32 ビットの IP アドレスによって約 43 億個（$2^{32}=4,294,967,296$）のコンピュータにアドレス割りあてができることになりますが，近年の情報化の進展によりアドレス枯渇の問題があったことから，IPv6 が策定されました。

● プライベート IP アドレス

インターネット上で使用できる IP アドレスは，グローバル IP アドレスと呼び，LAN 内だけで使用する IP アドレスはプライベート IP アドレスと呼びます。プライベート IP アドレスは自由に決めることができますが，外部のネットワークへの接続に使用することはできません。

● サブネット

1 つのネットワークをさらにいくつかのネットワークに分割して管理する場合があります。分割された各ネットワークをサブネットと呼びます。分割する場合は，ホスト部をさらに分割して，サブネットアドレス部とホストアドレス部に分けて使用します。それぞれを何ビットに分割するかは，サブネット内のホストの数（接続する端末の数）によって決めます。

● IPv6

現在の IP は IPv4 と呼ばれるもので，IP アドレスの不足に対処するため新たに策定されたプロトコルが IPv6 です。

IPv6 では，アドレスは 128 ビットを用います。表記するときは 4 桁の 16 進数 8 組をコロンで区切って並べます。例えば，001A:FE09: … :0001:9FFE のような形です。

32 ビットでアドレスを表す IPv4 との混在のために，IPv4 のアドレスを IPv6 で使用する際には，96 ビットの 0 を先頭に挿入して使うことになっています。割りあて可能なアドレス数は 2^{128} 個となり，アドレス枯渇の問題は解消されます。

● MAC アドレス

MAC（Media Access Control）アドレスは，ネットワーク制御ボードなどに付与される製品番号のような形で与えられる 48 ビットの長さの番号です。ネットワーク上の接続ハードウェアを個別に識別することができます。

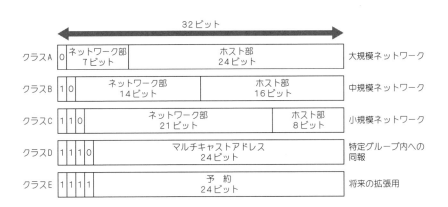

図　IPアドレスの構成

図　サブネット分割

5.5 クライアント・サーバシステム

クライアントはサービスを受ける側を表し，**サーバ**はサービスを提供する側を表します。クライアントは，基本的にはそれ自体でアプリケーションを実行できる能力を持ったコンピュータです。そのうえで，必要に応じてサーバの持つ機能を利用するという形態となります。

サービスの種類には，データベース管理，データの提供，プリンタ機能の提供，外部ネットワークとの通信機能，ファイル管理などがあります。

サーバは上記の機能を提供するコンピュータです。クライアントが小数であるような場合や，サービスの処理が軽微な場合には，1台のコンピュータで多くのサーバ機能を受け持つ構成をとることもあります。この場合は，コンピュータではなくサービスを提供するプログラム自体を**サーバ**と呼びます。プリントサーバ，ファイルサーバなどは一般にローカルなネットワーク内でのサービスを提供します。WWW サーバなどは外部のネットワークからのサービス要求に対しても応答します。

クライアント・サーバシステムが持つ特徴は，ハードウェア，ソフトウェアの資源の有効利用，システムの柔軟な拡張性などの長所と，分散化やネットワーク負荷によるパフォーマンスの低下，ハードウェアの保守管理の作業量の増加，さまざまなハードウェア，ソフトウェアが接続することによるトラブル発生時の原因特定の困難性，データ共有とネットワーク接続によるセキュリティの問題，などがあります。

ネットワーク上のサーバは，あらかじめ定められた特定のポート番号でクライアントからの接続を待っています。クライアントはIPアドレスとポート番号を指定することで，目的のサーバに接続することができます。複数のクライアントからの接続を受け入れるタイプのサーバでは，クライアントとの接続後は空いている別のポート番号をそのクライアントとの通信に割りあててサービスを提供しつつ，再び特定のポート番号で他のクライアントからの接続を待つことで，同時に複数のクライアントにサービスを提供する仕組みにしているものもあります。

● ポート番号のカテゴリ

ポート番号として使用できるのは 0 から 65535 までです。これらは値の範囲によって 3 つに分類され，使用方法を区別しています。

表　ポート番号のカテゴリ

番号の範囲	名　称	使用目的
0〜1023	Well-known Port	インターネット上で広く用いられているアプリケーション用
1024〜49151	Registered Port	さまざまなアプリケーションによる使用が予約されている
49152〜65535	Dynamic Port/Private Port	任意に使用することができる

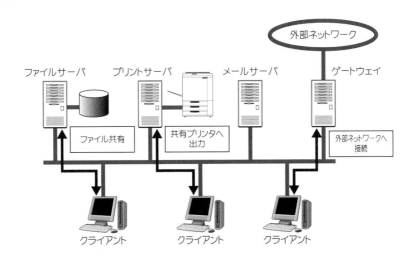

図　クライアント・サーバシステムの例

5.6 ポート番号とセキュリティ

1つのコンピュータ内で,ネットワークを使用するアプリケーションが複数動作している状況で,どのアプリケーションあてのデータであるかを識別するために**ポート番号**が使用されます。近年では非常に多くの種類のサービスが開発され,1台のコンピュータの中に多数のポートが接続されるのを待っている状態になっていることが珍しくありません。このような状況はサーバ専用のコンピュータに限らず,近年の個人向けのコンピュータであっても,いくつものサービスプログラムが動いているといった状況になっています。

非常に複雑化している現在の OS では,予期しない部分にセキュリティ上の問題を含んでいる場合があります。**セキュリティホール**と呼ばれるこうした欠陥は,悪用されるとコンピュータを外部から操作されたり重要な情報を盗み出されることがあります。また,いくつかのコンピュータウイルスプログラムは OS のセキュリティホールを利用してコンピュータ内に侵入します。

セキュリティホールにはいろいろな種類がありますが,外部からのアクセスを待つサービスプログラムがセキュリティホールを持つ場合もあります。ブロードバンドネットワークが広く普及し,常時インターネットに接続している状況では,ネットワークからサービスプログラムのセキュリティホールを狙って侵入が行われる場合があります。万一侵入された場合には,コンピュータ内に保存されているパスワードや ID 番号などを盗まれたり,コンピュータウイルスなどのプログラムを仕掛けられることにもつながります。また他のコンピュータに侵入するための踏み台にされることもあります。侵入者は他のコンピュータを踏み台にすることで,自分自身への追跡を困難にすることができるのです。

侵入を図る者は,開いているポートの中で,セキュリティホールを持つものを狙います。したがって侵入を防ぐためには不必要なポートを閉じておくことと,セキュリティホールがないように OS などの不具合を修正することが必要になります。特定のコンピュータにおいてポートを閉じるということは,そのポートを使って外部からの接続を待つような機能を停止することに

なります。また，ネットワーク間を接続するための装置である**ルータ**は，データを中継する際に，発信元ポートとあて先ポートを調べ，設定によって特定の発信元ポートから特定のあて先ポートへのデータしか通さないようにすることができます。したがってセキュリティの向上のためにポートを操作する場合，個別のコンピュータで行うことと，ルータで行うことが可能です。

● Web サーバの例

Web **サーバ**は，外部からの要求により Web ページのデータを送信しなければなりませんから，そのためのポートは開けておく必要があります。通常，80 番ポートが受信時のあて先ポートおよび送信時の発信ポートに使われます。したがってルータの設定も Web サーバとして使用しているコンピュータへは，80 番ポートに関するこれらの受信発信を許可する設定にしなくてはなりません。なお暗号化された https による通信では 443 番が使用されます。

ポートへのアクセスを管理することで，セキュリティを高めることができますが，完全というわけではありません。Web サーバや DNS などの必要なサービスにセキュリティホールがある場合，コンピュータウイルスソフトウェアが持ち込まれた場合，メモを見られるなどの方法でコンピュータにアクセスするパスワードと ID が盗まれた場合などは，侵入を防ぐことはできません。

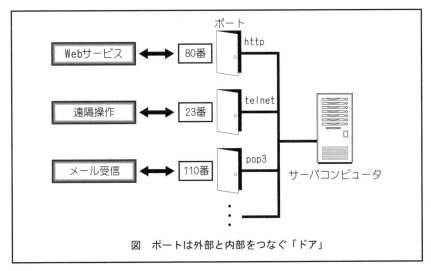

図　ポートは外部と内部をつなぐ「ドア」

5.7 モデムと変調

コンピュータ内では，データはすべて2進数で扱われるので，これらのデータを通信回線を使って伝送する場合も，0と1のデジタル信号を伝えることが必要です。このとき信号をいったんアナログ信号に変換してから伝送するか，0と1のデジタル信号のまま伝送するかで，アナログ回線とデジタル回線に分類されます。従来の電話回線はそのままアナログ回線として使用することができます。この場合はデジタル信号をアナログ信号（電話回線の場合は音）に変える装置（モデム）を使ってデータのやり取りを行います。一方，デジタル回線はデジタルデータの伝送専用に作られたもので，デジタル信号をそのまま送ります。

● **モデム**（MODEM）

モデムは，「Modulator/Demodulator」から作られた言葉です。従来の電話回線を使う場合のモデムは 33,600 ビット/秒程度の通信速度が限界となります。xDSL と呼ばれる技術を利用した回線では，モデムの通信速度は数十Mビット/秒にもなります。

アナログ回線では，デジタル信号をアナログ信号に変換して伝えるために，搬送波（キャリア）と呼ばれるアナログ信号をデジタルデータに合わせて変化させて送信します。このようなアナログ回線の方式を**ブロードバンド方式**あるいは**キャリア方式**と言います。デジタル信号に合わせてキャリアを変化させる処理を**変調**と呼びます。また，変調された信号からもとのデジタルデータを取り出す処理は**復調**と呼びます。変調にはいくつかの種類があり，振幅変調，周波数変調，位相変調および，それらを組み合わせた変調方式などが使用されています。

● **振幅変調**（Amplitude Modulation : AM）

振幅変調では，キャリアの音の振動の幅をデジタルデータに合わせて変化させます。データ1の場合はキャリアの音をそのまま発信し，データ0の場合はキャリアの振幅を 0，すなわち音が出ていない状態にすることで表

します。振幅変調は雑音に弱いため，実際のデータ転送においてこの方式が単独で使用されることはあまりありません。

● **周波数変調**（Frequency Modulation：FM）
デジタル信号の変化に合わせてキャリアの周波数を変化させます。受信側では，キャリアの周波数がどのように変化しているかを監視し，もとのデジタルデータに復調します。高速でのデータ伝送はできないために，高速データ通信にはあまり使われていません。

● **位相変調**（Phase Modulation：PM）
キャリアの信号が 0 から立ち上がるときの状態を変化させてデータを伝送します。雑音に強く，FM 方式に比べてより高速のデータ伝送が可能です。

● **直交振幅変調**（Quadrature Amplitude Modulation：QAM）
位相変調と振幅変調を組み合わせることによってさらに多くのデータを伝送できます。アナログ回線（公衆電話回線）を使った高速データ伝送にはこの方式が主に利用されています。1 回の振幅で 3 ビットあるいは 4 ビットの値を伝送できる 8-QAM や 16-QAM があります。

表 16-QAM の信号と値

2進数	16-QAMの信号	
0000	0.311V	-135°
0001	0.850V	-165°
....	....	
1110	0.850V	75°
1111	1.161V	45°

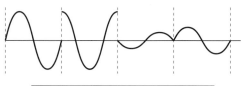

位相と振幅の大きさが異なることで数値を表現

図 16-QAM

5.8 デジタル伝送

デジタルデータをパルス波で伝送する方式を**ベースバンド方式**と呼び，デジタル回線ではこの方式を用いています。ベースバンド方式ではアナログ信号を用いて変調するような処理がなく，高速伝送が可能となります。

パルスの形状は単純に 1 が電圧あり，0 が電圧なしというものではなく，雑音への対処などからやや複雑なパルス波形に変換して伝送しますが，デジタルであるので中間的な電圧はありません。プラスの電圧ありと，電圧なしの 2 種類のみ，またはプラス，マイナス，ゼロの 3 種類で信号を伝えます。どのような波形に変換するかにより多くの種類があり，単流 RZ 符号方式，単流 NRZ 符号方式，複流 RZ 符号方式，複流 NRZ 符号方式，AMI（Alternate Mark Inversion）方式，Dicode 方式などが使用されています。「単流」は 1 に電圧あり，0 に電圧なしを対応させるもの，「複流」は 1 にプラスの電圧，0 にマイナスの電圧を対応させるものです。また，RZ は return to zero で，次のデータを表す前にいったん電圧 0 に戻ることを表し，NRZ はすぐに次のデータの電圧に移ることを表しています。

デジタル伝送では信号の波形が伝送途中で多少変化したり，雑音が加わったとしても，1 と 0 の判断の妨げにならない限り影響はありません。そのため一般的にデジタル伝送方式は，アナログ回線を使った伝送方式に比べて高品質の伝送が行えます。また，長距離を伝送したために波形が崩れてきた場合には，中継器で増幅し波形を整えてやりますが，アナログ伝送では増幅器の電気的特性の高いものが要求され，しかも混入した雑音の除去は困難です。一方，デジタル伝送用の中継器は比較的容易に作ることができ，一定の範囲内の雑音は完全に除去することができます。

● 回線交換

ユーザを交換機に接続しておき，通信を実際に行うユーザに対して回線を割りあてる機能を交換機能と呼びます。回線交換方式は通信時にはユーザが回線を占有します。通信データ量が多い場合に適した方式です。

● 蓄積交換

伝送するデータを交換機内の記憶装置に一時的に貯めておき，回線の空きができたときに創出します。複数のユーザが同時に回線を利用でき，回線使用効率が高くなります。しかし，蓄積を行うために遅延が生じます。パケット交換方式は蓄積するデータ量を小さくし遅延を少なくしています。

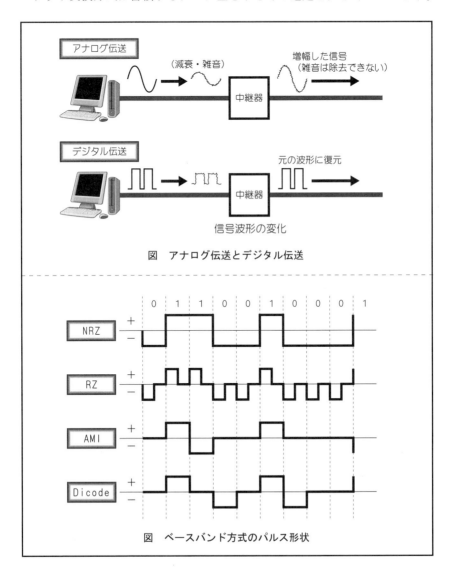

図　アナログ伝送とデジタル伝送

図　ベースバンド方式のパルス形状

5.9 LANとWAN

　LAN（Local Area Network）は，企業や学校などの特定の範囲内で構築されたネットワークを指します。家庭内であっても 2 台以上のコンピュータを接続したネットワークは LAN となります。コンピュータ間の通信を行う際には，共通の通信規約（プロトコル）を使ってデータのやり取りを行います。プロトコルに従いさえすれば種類の異なるコンピュータ間でも通信ができます。また，ケーブルを用いずに電波で接続する無線 LAN も利用されています。

　小規模な LAN では，各コンピュータが対等な関係で接続されるピアツーピア型のネットワークにする場合もありますが，多数のコンピュータを接続する場合にはクライアント・サーバ型のネットワークとします。こちらのほうが拡張性に優れ，いろいろな機能を実現できます。

● ノード
　LAN に接続されたコンピュータを**ノード**と呼びます。
● NIC（Network Interface Card）
　ノードとなるコンピュータをネットワークに接続するための回路部分を指します。通常，コンピュータに追加するカードの形態であるため，このような名称で呼びます。LAN カードや LAN アダプタと呼ばれることもあります。

　WAN（Wide Area Network）は，ISDN などのような広域に敷設されたネットワークを用いて，LAN と LAN を結ぶものです。大規模な企業などで，全国の本支店間をネットワークで結ぶとすれば，各支店内は LAN を構成し，それらを結んだものが WAN となります。LAN と LAN を結ぶ通信路は通常，電気通信事業者により提供されるもので，パケット交換網，ISDN 網，ATMなどが利用されます。扱う情報の量が少ない場合には 64k ビット/秒の通信速度である N-ISDN でも間に合う場合もあります。データ量が多い場合にはフレームリレーや ATM といった高速のパケット通信サービスを利用します。

これらは専用線ですが，インターネットや共用回線を用いて WAN を構築するインターネット VPN が利用される場合もあります。インターネット VPN では暗号化などを行ってセキュリティを確保したうえで通信します。

● イントラネット

インターネットで標準として用いられている技術を利用して，企業内ネットワークを構築したものを表します。プロトコルなどがインターネットと同じであるため，インターネット用のソフトウェアなどをそのまま利用することができます。また，インターネット上の情報と自社内の情報を同様に扱うことができます。

● エクストラネット

各企業が構築したイントラネットをさらに複数の企業間で相互に接続し，ネットワークとして運用するものです。互いの情報のやり取りや，電子商取引などに利用することで企業経営の効率化を図ることができます。

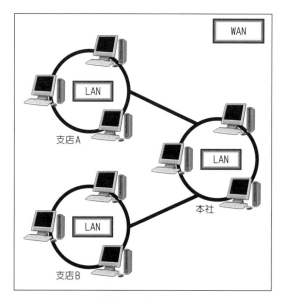

図　LAN と WAN

5.10 LANのトポロジー

LAN を伝送路の形状（トポロジー）によって分類すると，**スター型**，**バス型**，**リング型**の 3 種類に分類されます。

● スター型

中央にデータの通信を制御する装置を配置し，各端末（ノード）が放射状につながっている形態となります。制御装置が故障すれば，当然ネットワーク全体が停止することになります。広く普及している 10BASE-T などや 100BASE-T 規格の LAN は，ハブと呼ばれる集線装置を用いるスター型トポロジーです。

● バス型

1 本の伝送線路に各端末装置をつないでいきます。通信制御は各端末がお互いに行わなければなりません。特にデータを送信する際に，他の端末のデータとの衝突が発生した場合の処理が必要になります。いずれかの端末が故障してもネットワーク全体の障害につながることはあまりありません。

● リング型

円周状につながった伝送線路に各端末装置をつないでいきます。各端末は信号を次の端末にリレーしていきます。そのため，端末が故障した場合に備えて端末を飛び越して信号を送るバイパス機能が必要になります。

LAN に用いられる伝送媒体の規格として，IEEE において標準化されている 10BASE-T などの規格名は，データ伝送速度（10M ビット/秒），伝送方式（ベースバンド伝送），媒体の種類（T は Twisted Pair Cable：ツイストペア線）などを表しています。

● リピータ

LAN において使用される**リピータ**は，伝送の過程で減衰した信号を補正・増幅し，伝送距離を伸ばす働きをします。OSI 参照モデルでは物理層で接続を行います。

● ハブ

複数の端末装置をまとめて LAN の幹線に接続するための**ハブ**は，一般にリピータ機能を持っています。ただし，最大で 4 段までの接続に制限されます。

● スイッチングハブ

単純なハブ（ダムハブ）は接続された装置と幹線 LAN との間で，パケットを無条件に通過させますが，**スイッチングハブ**はパケットの送り先アドレスをみて，接続されている装置にのみ転送するか，それとも外部の幹線 LAN に送り出すかを切り替えることができます。この機能により，LAN を流れるデータの量を減らし，効率的にデータをやり取りすることができます。

● ルータ

ルータは，パケットの最適な経路までを判断したり，IP アドレスによりパケットを通すかどうかを選択するフィルタリング機能などを持ちます。

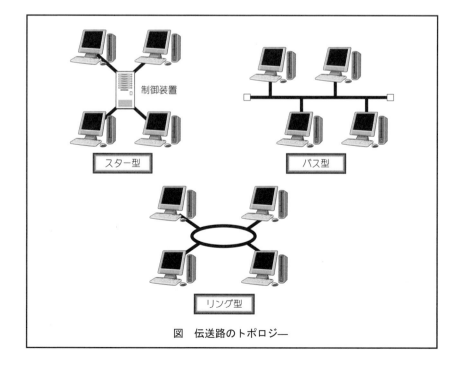

図　伝送路のトポロジー

5.11 LANの接続とアクセス方式

近年では個人の家庭内でも複数のパソコンをつなぎ，家庭内 LAN を構築している場合も見られるようになりました．LAN は他のコンピュータの中にあるデータなどを簡単に共有できるために非常に便利ですが，この接続に使われる規格が **Ethernet**（イーサネット）です．Ethernet としてのスタートは，DEC 社，Intel 社，Xerox 社の 3 社が共同で作成した規格でした．このときの規格では，同軸ケーブルと呼ばれるものを使用しており，太く曲げにくいケーブルで価格も高価であったので，その後改定され，標準化作業が行われて IEEE802.3 という名称で新たな規格が定められました．

現在の Ethernet は，この IEEE802.3 に定められた規格を使用しています．この規格ではケーブルの種類に関しては，10BASE-T などが新たに制定されました．10BASE-T は，電話の屋内配線部分に用いられているものと同様の"より対線"を用いているために比較的細く曲げやすいので，屋内に設置する際に邪魔になりません．データ転送速度についても旧 Ethernet では 10M ビット/秒（1 秒間に 1×10^7 ビットのデータを送れる速度）のみでしたが，現在では転送速度を 100M ビット/秒に上げた 100BASE-TX が広く普及し，さらに 1G ビット/秒の規格（1000BASE-T）も使われています．Ethernet の接続形態は，1 本の回線を複数の機器で共有するバス型と，集線装置（ハブ）を介して接続するスター型の 2 種類があります． LAN のアクセス制御方式としては，CSMA/CD，トークンパッシング，TDMA などがあります．

● CSMA/CD

Carrier Sence Multiple Access with Collision Detection（搬送波感知多重アクセス/衝突検出）を表す **CSMA/CD 方式**は，バス型 LAN でよく使用される制御方式です．

データを送信しようとする端末装置は伝送線路上にデータが流れていないことを確認してから送信を行います．もし，データが流れている場合には一定の時間待ってから再び送信を行います．送信しようとしたときにす

でにデータが流れていた状態を Collision（コリージョン：衝突）と呼びます。LAN でよく使われる Ethernet はアクセス方式には CSMA/CD 方式を使用しています。

● トークンパッシング

リング型トポロジーのネットワーク上にトークンと呼ばれるデータを循環させておき，送信を行おうとする端末装置はトークンを取得し，送信を行います。トークンを持たない限り送信は行えないので衝突は発生しないのが特徴です。FDDI（Fiber Distributed Data Interface）方式のネットワークでは光ファイバケーブルを使用してリング型の LAN を構成し，トークンパッシング方式を用いたネットワーク制御を行います。

● TDMA

TDMA（Time Division Multiple Access：時分割多重接続）は，効率的なネットワーク利用のために信号を時間によって細分化し，1 本の伝送線路で複数の通信を同時に行えるようにしています。TDMA 方式は電波の効率的な利用が必要とされる移動体通信で利用されます。

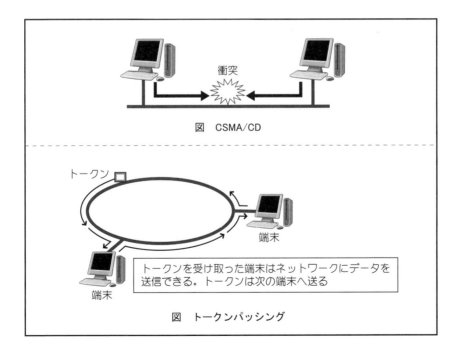

図　CSMA/CD

図　トークンパッシング

5.12 パケット

パケット交換とは，データ通信を行う際に，データを一定量ずつ分割してパケットとし，目的地まで中継しながら送信する方式です。1964 年にバラン（P.Baran）により提案され，インターネットの前身である ARPANET で用いられるようになり，その後広く使用されるようになりました。

ネットワーク上で大きなデータを送信する場合，そのまま送ると長時間にわたって回線を占有し，他のデータが待たされてしまうという事態が発生します。そこでスムーズで効率的な通信を行うためにパケット交換方式が考案されました。

パケットという言葉は「小包」を意味し，送信データを一定の大きさのかたまりに分割し，これに荷札（**ヘッダ**）を付け，あて先，送り主，あて先の住所，分割した際の順番などの情報をこの荷札に書き込んでベルトコンベアのような通信回線に送り出すものと考えればよいでしょう。

1 本の通信回線の中をいろいろなあて先のパケットが通っていくので，あて先ごとに専用の回線を用意する必要はなく，1 本の高速回線に複数のコンピュータなどの端末装置を接続して，通信路を共有して使うことができます。パケット交換には次のような特色があります。

・伝送路や設備の利用効率が高い。
・通信におけるある程度の時間的な遅れが存在する蓄積交換方式である。
・通信速度の異なる端末装置間での通信ができる。

パケットを通信回線に発信する際には，あて先以外に次の中継点（ルータ）に届けるための情報が必要です。これらの情報をパケットに加えたものを**フレーム**と呼びます。ルータに到着したフレームは，次のルータのアドレスが書き込まれて再びネットワークに発信されます。このような中継作業を繰り返し，最終的に目的地のルータまで届けられます。ここでフレームから元のパケットを取り出して復元し，最終的なあて先となるコンピュータに届けられます。

● ルーティング

フレームをリレーしていく際には，経路（ルート）は複数の中から選べる場合もあります。選択されるルートは状況に応じた選択がなされ，たとえば故障などの障害が発生していることが判明しているネットワークは迂回されます。ルートの決定を**ルーティング**と呼びます。実際にはネットワーク間を接続する機器であるルータがこの処理を行っています。ルータはフレームを受信すると，あて先までの経路上にある他のルータを探し，このルータに対してデータを中継しますが，この処理はルーティングテーブルと呼ばれる表に基づいて行われます。

ルーティングテーブルには，人間が作成するスタティックルーティングテーブルと，自動的に作成されるダイナミックルーティングテーブルがあります。ダイナミックでは，ルータ間での経路情報の交換が自動的に行われるので，障害が発生しているような場合には，それを迂回するようにテーブルが自動的に書き換えられます。

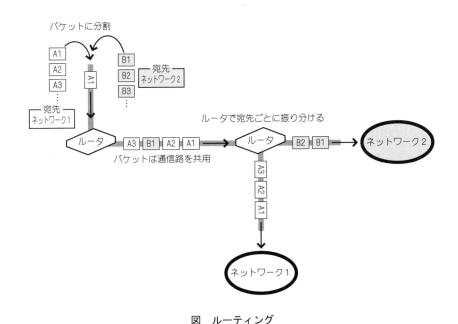

図　ルーティング

5.13 伝送媒体

ネットワークの構築に用いられるケーブルは，非シールドより対線 (Unshielded Twisted Pair cable：UTP)，シールド付きより対線 (Shielded Twisted Pair cable：STP)，同軸ケーブル，光ファイバなどが使われます。

ケーブルが不要の無線 LAN を用いるとフロア内での配線が不要になり便利ですが，通信速度の点では有線式の方が一般的に高速です。端末として使用するコンピュータが 1 台のみで，電波状態の良い環境であれば，最大 6.9Gbps という有線ネットワーク以上の速度が期待できますが，複数のコンピュータを使用すると速度は急激に低下します。また電波の雑音が多い環境でも通信速度が低下します。

● **より対線**（Twisted Pair Cable）
2 本の絶縁された銅線をより合わせたものを 1 対として，1 対以上をまとめて外被で覆ったものです。より合わせることにより，同一ケーブル内の他のペアからの電磁的な干渉などにある程度強くなります。電話線の屋内配線用として使われる平衡ケーブルはより合わせていないため，より対線よりも電磁的な干渉に弱くなっています。より対線は比較的価格が安く，柔軟で細いことから LAN のケーブルとしてよく用いられます。外部からの電気的雑音を防ぐために，より対線をまとめた外側をさらにアルミ箔あるいは網状の銅線で覆ったシールド付きのもの（STP）もあります。シールドなしのものは UTP と呼ばれます。

● **同軸ケーブル**（Coaxial Cable）
中心の銅線を絶縁体で覆い，その周りを網状の銅線でシールドし，さらに外側を絶縁物の外皮で覆ったものです。テレビアンテナのケーブルとしてもよく使われています。同軸ケーブルは電磁的雑音に強く，伝えることができる周波数帯域が広いので，高速な通信回線にも用いることができます。ただし，直径が比較的太く曲げにくいことと，価格が高いことから LAN にはそれほど利用されていません。

● 光ファイバケーブル（Optical Fiber Cable）

より対線や同軸ケーブルはデータを電気信号として伝えるものですが，光ファイバケーブルはデータを光の信号として伝えます。ケーブルの中心には比較的細い（直径 125μm）石英ガラスか，またはプラスチックの線が入っています。電気信号から光への変換には発光ダイオードまたは半導体レーザが用いられ，光から電気信号への変換にはフォトダイオードが用いられます。

光ファイバケーブルは，電磁的雑音には非常に強く，特に石英ガラスを使った光ファイバケーブルは長距離でも信号の減衰が少ない優れた特性を持っています。ただ，内部のファイバが破損するために折り曲げには弱く，また複数に分岐して接続する作業が難しいことが欠点です。

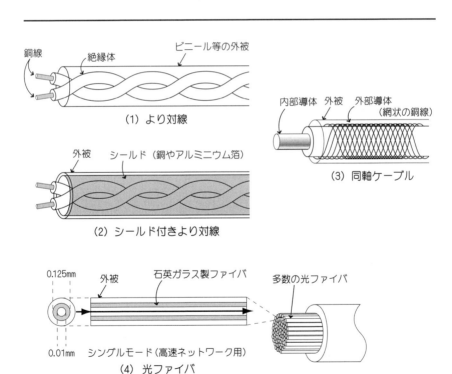

図　伝送媒体

5.14 無線LAN

データネットワークを家庭内などで構築する場合，ケーブルの敷設が問題となることがあります．部屋から部屋へとケーブルを通すためには壁に穴をあけるなどの工事が必要になることもあります．またケーブルがつながったノート PC などを移動させるのも面倒です．このような問題を解決するためには，電波を利用した**無線 LAN** が有効な手段となります．現在，無線LAN の規格としてはIEEE802.11a，b，g，n，ac，ad が実用化されています．

無線 LAN の規格は IEEE（アメリカ電気電子技術者協会）により策定されています．IEEE802.11a は 5GHz 帯の電波を使用し 54M ビット/秒の伝送速度を持っており，策定された 1999 年当時に普及しつつあった ADSL などのネットワーク回線によりブロードバンド化された通信にも対応できる高速性を持っていました．一方 IEEE802.11b は 2.4GHz 帯を使用し，11M ビット/秒(bps) の速度です．2.4GHz 帯は ISM（Industrial Scientific Medical Band）として電子レンジ，医療機器などが免許不要で利用できる周波数であり，これらの機器を使用している場所の近くでは，通信に障害が発生する場合もあります．5GHz 帯も他の通信用途に利用されているために一部の周波数では屋外での使用が制限されている状況で，いずれの周波数も混信などの問題を抱えています．

2003 年に新たに策定された 802.11g 規格は，802.11b 規格と同じく 2.4GHz 帯の周波数の電波を使用しますが，伝送速度は 802.11a と同じく 54 Mbps です．また 802.11b 機器との通信も行えるようになっています．2009 年に策定された 802.11n 規格は最大で 600Mbps の速度であり，普及しつつあった光ファイバーによる家庭へのインターネット環境を活かせる性能となりました．2014 年の 802.11ac 規格では映像のストリーミング再生などにも対応できる 6.93Gbps の最大速度となりました．

無線は，電波の第 3 者による受信が可能であるため，盗聴やなりすましに対するセキュリティが必要となります．WEP（Wired Equivalent Privacy）は無線 LAN 上のデータを暗号化するために規定された規格です．WEP は 64bit

あるいは 128bit の長さの共通鍵を使用した暗号化を行います。しかしその暗号化強度は低く，安全な方式とは言えなくなってきています。そこで WEP の弱点を補完する暗号機能として WPA と IEEE802.11i という 2 つの方式が考案されました。WPA（Wi-Fi Protected Access）は，WEP のセキュリティの強化のために開発されました。接続してきたユーザの認証を行い，さらに TKIP（Temporal Key Integrity Protocol）という技術で WEP キーを動的に変更することにより，なりすましやデータの改ざんを防ぐことが可能となります。IEEE802.11i は TKIP に加え AES（Advanced Encryption Standard）という強力な暗号方式が使われます。

● アドホックモードとインフラストラクチャモード

無線 LAN では通信のモードに 2 種類があり，無線 LAN 端末同士で直接通信するアドホックモードと，アクセスポイントを経由するインフラストラクチャモードがあります。

● Wi-Fi

無線 LAN の具体的な規格は，IEEE によって策定されていますが，この規格に沿って相互接続できることが保証された機器に表示することができる商標が Wi-Fi です。Wi-Fi Alliance（アメリカの業界団体）によって，国際標準規格である IEEE 802.11 規格を使用した機器間の相互接続ができることを認証された製品であると示すものです。無線 LAN としての正式な規格名は IEEE 802.11n などの表記であり，業界団体が認証した製品であるという証明が Wi-Fi ロゴということになります。

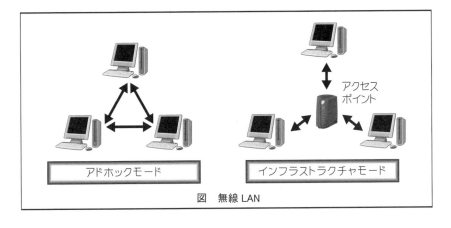

図　無線 LAN

5.15 Bluetooth

スマートフォンやノート PC などの携帯機器が普及するにつれて，コードを接続せずに無線で相互のデータのやり取りを行ったり，音楽をコードレスのスピーカやヘッドホンで聴きたいという要望が高まってきました。こうした用途では IrDA と呼ばれる赤外線通信規格が 1994 年ごろからありました。しかし，指向性があり発光部と受光部を対面させないといけないなどの不便さもあったため，電波を使ったデジタル近距離無線通信規格が利用されるようになりました。

Bluetooth（ブルートゥース）はスウェーデンのエリクソン社によって 1994 年に開発が始まりました。使用する電波の周波数は 2.4GHz であり，ISM（Industrial Scientific Medical Band）を使用するので，電子レンジなどとの電波干渉が問題になることがあります。ただこの周波数帯は世界中で免許不要で使用できるためいろいろな通信規格でも使用されています。2002 年には近距離ワイヤレスネットワーク規格 IEEE802.15.1 として制定されています。

当初の Bluetooth はスリープモードからの立ち上げ時間が長い，消費電力がやや多い，通信プロトコル（通信の手順）が複雑だった，などの問題点のために普及が遅れていました。しかし改良が進められ，2004 年の ver.2 ではデータ転送速度を 3Mbps に上げる EDR モードの追加，2009 年の ver.3 では最大通信速度が 24Mbps となる High Speed（HS）モードの追加，同じく 2009 年の ver.4 では，省電力化を強化した Bluetooth Low Energy（LE）が追加されました。この BLE は通信速度は 260kbps とそれまでの規格よりも遅くしてありますが低消費電力に主眼を置き，ボタン電池 1 つのみでも数年駆動可能を目標としており，スマートフォンなどの消費電力が問題になる機器にも広く普及する転機となりました。2016 年の ver.5 では**メッシュネットワーク機能**が追加されリレー式の遠距離通信が可能となりました。

Bluetooth には消費電力を必要最小限にするために発射する電波の強度を分類したクラスという規定があります。電波出力は消費電力に直結します。いくつかにクラス分けした規定を設けることで携帯機器向けに消費電力を下

げて実装できるよう考慮されています。
　近距離無線通信に求められる技術的要素は，低消費電力，低コスト，高セキュリティ，高通信速度，低遅延時間などがあります。無線を使う通信では特に近年，セキュリティへの要求が高まっています。また，いろいろな機器に小型のセンサーが搭載されて，いわゆるセンサーネットワークが構成されるようになり，通信ネットワークの形態も重要になっています。

● **マルチホップとメッシュネットワーク**
　送信元（送信ノード）から目的ノードへ直接通信できない場合でも，途中にあるノードが中継して通信することができる方式を**マルチホップ**と呼びます。お互いに中継することで，小さな電波出力でも遠くまで通信することができます。工場などでいろいろな機器の状態を監視したりする場合，1ヵ所に置いたコンピュータで，すべての機器の状態を知ることができます。網目状にデータをやり取りできるメッシュネットワーク機能は，Bluetooth 5 から実装されるようになりました。

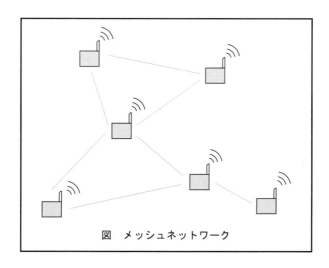

図　メッシュネットワーク

5.16 通信回線サービス

　通信サービスを提供する事業者のことを電気通信事業者と呼びます。日本国内では，自前の電気通信回線設備を保有してサービスを提供する第1種通信事業者と，第1種事業者から設備を借りてサービスを提供する第2種通信事業者に大別されます。NTT各地域会社，KDDI，NTTドコモやauなどが第1種電気通信事業者にあたり，これら以外でインターネットサービスプロバイダなどは第2種電気通信事業者として分類されます。

　第1種電気通信事業者は，事業形態によって(1)長距離系，(2)地域系，(3)衛星系，(4)国際通信，(5)移動体通信，(6)無線呼び出しに分類されます。第2種電気通信事業者は，事業の規模と形態によって特別第2種と一般第2種に分けられます。前者は大規模で不特定多数を対象とした通信サービスを行うか，海外との付加価値通信サービスを行う場合で，後者はそれ以外の場合です。

● 回線リセール

　第1種電気通信事業者から大容量の回線を借りて，これを多数の低速度の回線に分割したうえで，それらの再販売を行うものです。

　電気通信事業者により提供されるサービスとしては，専用回線サービスと交換回線サービスがあります。専用回線サービスは，アナログ伝送一般専用サービス，デジタル伝送一般専用サービス，高速デジタル伝送サービス，衛星デジタル伝送サービスがあります。専用回線とは，2地点間を直接結ぶもので，途中に交換機は入りません。したがっていろいろな相手と通信をすることはできませんが，本社と支店間などで頻繁に大量の通信を行ったり，機密性の高い重要なデータを通信する際などに用いられます。

　回線交換サービスとしては，加入電話サービス，パケット交換サービス，回線交換ISDNサービス，パケット交換ISDNサービスがあります。回線交換サービスでは，通信相手と接続されるとそのまま接続が維持されます。これ

は回線使用効率の面から見ると連続的に発生するデータに適した形態です。パケット交換サービスは送信すべきデータを分割したパケットがある場合のみ，そのパケットに付けられた送り先のアドレスに基づいて転送を行うため回線の共用ができ，回線使用効率が高くなります。特に間欠的に発生するデータの通信に向いています。

● 交換機

回線交換サービス（たとえば加入電話サービス）の加入者の中から通信を行いたい相手を選んで回線を接続する処理を行うのが交換機です。会社や学校などの構内で内線電話同士あるいは外線と内線電話の接続を行う交換機を特に **PBX**（Private Branch Exchange）と呼びます。

● ATM

ATM（Asynchronous Transfer Mode）は非同期転送モードとも呼ばれる伝送交換技術です。B-ISDN などの広帯域通信ネットワークに用いられます。ATM ではデータは 53 バイトのセルと呼ばれる単位で送受信され，ノイズなどのない回線を前提としている設計であるため，プロトコルが簡略化されています。そのため高伝送効率で伝送遅延のない通信が行えます。ハードウェアによる高速処理を行い，高速データ通信サービスに使われていますが，コストは高くなります。

ATM は，伝送時のエラー発生の少ない高品質のデジタル回線で用いられることを想定して設計されており，データが正しく受信されることは保障されませんが，送信順序どおりに受信されることは保障されます。

● ダークファイバ

使用されていない状態の敷設済み光ファイバを**ダークファイバ**と呼びます。第 1 種通信事業者などが所有する未使用の光ファイバ回線の他，自治体の下水道を利用した光ファイバや電力会社が電力線とともに敷設した光ファイバの一部もダークファイバとして第三者の通信事業者への貸し出しが行われています。

5.17 DSLとFTTH

既存の電話線を利用して，高速通信を行うための技術が DSL（Digital Subscriber Line：デジタル加入者回線）で，いくつかの種類があり，総称して xDSL と表す場合もあります。xDSL の先頭の x は S，A，V，H，R などの文字が入り，それぞれ Symmetric DSL，Asymmetric DSL，Very high-bit DSL，High-bit-rate DSL，Rate-Adaptive DSL を表しています。いずれも従来の電話線を利用して高速通信を行うものです。

電話線に使われている銅線は音声信号用に 3.3kHz 程度までの帯域で使用されていますが，条件が整えばはるかに高い周波数帯域の信号も伝えることができます。周波数帯域が高ければ送ることができる情報量もそれだけ多くなりますが，もともと音声用に設計された電話線ですから，あまり長距離まで信号を伝えることはできませんし，雑音発生源の多さなどによって伝送可能距離は変化します。

各種の xDSL の中で急速に普及したのが ADSL（Asymmetric Digital Subscriber Line：非対称デジタル加入者回線）です。この方式では，ネットワークからユーザ方向へのデータの流れ（ダウンストリーム）はおよそ 1.5〜20M ビット/秒を越える通信速度を期待できます。一方のアップストリームでは数百 k ビット/秒程度となっていますが，ADSL は元来はビデオオンデマンドを実現するために開発された経緯があり，映像データをユーザに配信するダウンストリームが高速になっています。ダウンロードのデータ量が圧倒的に多いインターネットの利用形態を考えると，この方式は効率的に回線を使える方法であることがわかります。ADSL では，ユーザからの送信（アップストリーム）は周波数 30kHz から 170kHz の帯域で行い，データの受信（ダウンストリーム）は 240kHz から 1.2MHz の帯域を使います。音声は 3.3kHz までであるので，ADSL と通常の音声通話は同時に利用できることになります。さらに最近ではダウンストリーム帯域を 2.2MHz や 3.75MHz までに拡張し，24M ビット/秒や 40M ビット/秒の通信速度を可能とする方式も使用されています。

電話線を通してデジタル信号は電話局内の交換機に入り，以後は高速大容

量の基幹回線につながります。このときの電話局までの回線部分の長さなどの条件によって，ADSL が可能か，どの程度の通信速度が得られるかといった部分が決まります。電話局からの距離が遠い場合には信号が電話線を伝わる間に弱ったり，雑音が混入して十分な情報の伝送ができないために通信速度が落ちます。通常，ADSL サービス提供の際には通信速度 1.5M ビット/秒や 8M ビット/秒という目安の通信速度が示されますが，これらはいわゆるベストエフォートと呼ばれ，条件がよければこの程度の通信速度が出る可能性があるという数値です。また銅線を使用する技術であるため，電話局までの経路に光ファイバが使われている部分があると，ADSL はまったく利用できません。

個人の住宅まで伝送線に光ファイバを用いる方式は，**FTTH**（Fiber to the Home）とよばれています。近年は通信事業者が積極的に通信回線の光ファイバ化を進めているため ADSL の利用は急速に減少しており，光ファイバ回線が多くなっています。電話局からの距離には関係なく通信速度を維持することができ，最良の条件が満たされた場合で 1G ビット/秒といった高速な通信が可能となっています。ただ，ADSL のように既存の電話線を利用するわけではないので，コストは ADSL よりも高くなります。

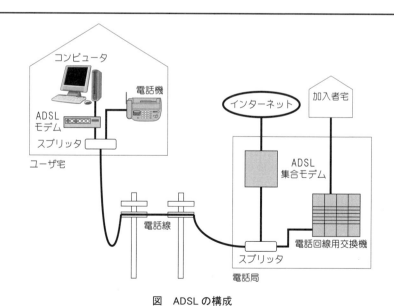

図　ADSL の構成

5.18 ドメイン名とDNS

IPアドレスは，コンピュータ内で処理するために数値の並びで表されています。しかし，数値表現は人間にとっては覚えにくいため，アルファベット表記で表す方法が考えられました。これがドメイン名です。

インターネットに接続されたコンピュータには，すべて異なるIPアドレスが割りあてられています。これは32ビットの2進数であり，扱いやすいように4つに分割して10進数で表します。しかし，それでも人間が覚えることは困難です。そこで番号を記憶しやすい単語に置き換えて管理するという方法がとられるようになりました。これを**ドメイン名**と呼びます。「www.xxx.co.jp」などの形式で表示されるので，会社名などと関連付けて覚えやすくなります。

ドメイン名は，ピリオドで区切られた4つの階層に分けられています。右から，第1階層（**国コード，トップレベルドメイン**と呼ぶ），第2階層（**組織属性コード**），第3階層（**組織名**），第4階層（**ホスト名**）となっています。たとえば，「www.xxx.co.jp」では，第1階層jpが日本のコンピュータであることを表し，第2階層coが企業組織に属するコンピュータであることを表します。さらに第3階層xxxが具体的な組織名を表し，第4階層wwwがホストコンピュータ（インターネットに直接接続しているコンピュータ）の名称を表します。近年，「汎用jp」という分類が設けられ，「団体名+.jp」という表記も行えるようになりました。

ドメイン名は人間にとっては覚えやすく便利ですが，コンピュータ内部では32ビットの数値に変換しなければなりません。そのため英数字で表されたドメイン名を32ビットのIPアドレスに変換するシステムが必要となります。このシステムを**DNS**（Domain Name System）と呼びます。

入力されたドメイン名をIPアドレスに変換する処理を行うためには，ドメイン名とIPアドレスの対照表がなければなりませんが，1台のコンピュータで世界中のコンピュータの対照表を管理し，ドメイン名とIPアドレスとの変換を行うことは不可能です。DNSにおいて，ドメイン名の変換を行うコンピュータをネームサーバと呼びますが，ネームサーバは各階層ごとに配置され，

分担してドメイン名とIPアドレスの変換を管理しています。

　各国のトップレベルドメインは，非営利の国際組織 ICANN（Internet Corporation for Assigned Names and Numbers）が委託した機関により管理されます。日本の jp ドメインは JPNIC（Japan Network Information Center）が ICANN から指名を受け，JPRS（Japan Registry Services：株式会社日本レジストリサービス）に管理業務を委託しています。

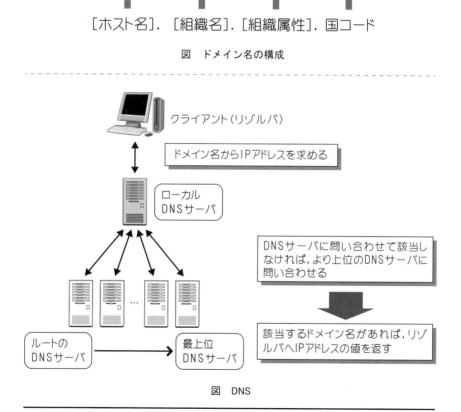

図　ドメイン名の構成

図　DNS

5.19 WWWの技術

　インターネットの利用方法として，もっとも一般的なものの1つがWWW（World Wide Web）です。WWWは，インターネット上で多数のコンピュータ（WWWサーバ）上にある情報を，次々にたどって表示させることができます。WWWは「世界規模の蜘蛛の巣」といった意味になりますが，データが蜘蛛の巣のように相互につながった状態で利用できることを象徴的に表した命名です。

　WWWは，1989年にスイスのCERN（ヨーロッパ素粒子物理学研究所）のバーナース・リーらによって開発されました。WWWサーバの役割を果たすコンピュータには，HTMLという記述規則に従って書かれたファイルと，情報として提供する画像ファイル，音声ファイル，映像ファイルなどを入れておき，外部から容易に閲覧することができます。WWWを利用するためには，通常は**ブラウザ**と呼ばれるソフトウェアを使用します。ブラウザは，具体的には次のような作動を行っています。

① ユーザが，ブラウザにURLを入力する。または，ブラウザに登録してあるブックマークを指定することで，URLを入力する。
② ブラウザは，そのURLを管理するWWWサーバに対して，インターネットを通じてWebページを表示するためのデータを送るように要求を送信する。
③ 要求を受信したWWWサーバは，データをインターネット上に送信する。
④ ブラウザは，受け取ったHTMLデータや画像データをもとに，Webページを表示する。

　クライアントであるWebブラウザとWebサーバとの間での通信手順やデータ要求（リクエストメッセージ）と応答（レスポンスメッセージ）の形式などは，HTTP（Hyper Text Transfer Protocol）で定められています。リクエ

ストメッセージは，リクエストメソッドなどを含んだメッセージヘッダ部分と，データ本体(もしあれば)を含んだメッセージボディ部分からなります。レスポンスメッセージは，HTTP のバージョンやステータスコード，ステータスの内容などからなるメッセージヘッダ部分と，転送するデータ本体を含むメッセージボディからなります。

表　リクエストメソッド名とその意味

メソッド名	意味
GET	ファイルの内容の転送を要求
POST	データをWebサーバに転送
HEAD	Webサーバ内のファイルの情報を要求
DELETE	Webサーバ上の指定ファイルの削除要求
PUT	Webサーバ上の指定ファイルの作成,更新
TRACE	リクエストメッセージの伝達経路をトレース
OPTIONS	Webサーバがサポートする機能の照会

表　HTTP におけるステータスコード

コード番号	内容	意味
200	OK	処理成功
201	Created	PUTリクエストが成功
202	Accepted	リクエストを受付けた
400	Bad Request	リクエストにエラーがある
403	Forbidden	リクエストは拒否
404	Not Found	要求されたファイルがない
408	Request Timeout	リクエストメッセージ受信時にエラー発生
500	Internal Server Error	Webサーバでエラー発生

5.20 HTTPとHTML

　HTML（Hyper Text Markup Language）は，WWWシステムで表示される情報を記述するための規約（文法）です。HTMLに基づいて記述されたファイルを，HTML文書と呼ぶ場合もあります。HTML文書には，Webページで表示させたい文章の文字データと，それらの文章をどのような形で表示するかを指定するためのタグと呼ばれる記号，さらに画像なども同時に表示したい場合には，その画像データファイルが存在する場所を示す情報（URL）を書き込みます。

　HTMLでは，画面表示を制御するための命令をtag（**タグ**）と呼びます。タグには，表示に使用する文字の拡大・縮小，フォントの変更，箇条書きの指定，他のファイルの表示を行うハイパーリンクの指定など，多くの種類があります。ほとんどのタグは，タグ名を不等号記号（＜＞）で囲み，その位置以後の部分でタグの意味する命令が有効になります。有効範囲の終わりは，やはり不等号記号で同じタグ名を囲みますが，タグ名の前に/（スラッシュ）を付けます。

[例1] **アンダーライン**

　　〈U〉......〈/U〉

　上記の例では，〈U〉と〈/U〉で囲まれた範囲の文字には，アンダーラインを付けて表示が行われる。

[例2] **フォントサイズの指定**

　　〈FONT SIZE="1"〉......〈/FONT〉

　この場合は，タグ以降，〈/FONT〉までの範囲の文字が，サイズ"1"で表示される。このように，不等号の中にタグ名だけでなく，大きさなどの設定値（パラメータ）を指定する場合がある。

[例3] **表示領域の左右から中央に表示**

　　〈CENTER〉.....〈/CENTER〉

　タグの内部にある文字や画像ファイルを表示領域の左右中央に配置する。

［例4］水平に線を描く

    `<hr size=4 width=95%>`

この例では，表示領域の幅の95%の長さで，太さ「4」の線を描く．

［例5］箇条書きの指定

    `<UL>`
    `<LI TYPE="disc">`項目1
    `<LI TYPE="disc">`項目2
    `<LI TYPE="disc">`項目3
    `<LI TYPE="disc">`項目4
    `</UL>`

項目1から4の左端に丸印が付けられ，インデント（字下げ）して表示される．

タグには，この他にも表形式（テーブル）で表示するための命令や，画面を分割して異なるファイルをそれぞれの領域に表示する命令，ブラウザ側からWWWサーバのコンピュータへデータを送信するための入力フォームを作成する命令など，多くの種類があります．また，HTMLは文章の構造を定義する機能があり，HTML文書では次のように文章のタイトル，本文などの構成要素を指定することになっています．

    `<HTML>`
    `<HEAD>`
    `<TITLE>`（タイトル）`</TITLE>`
    `</HEAD>`
    `<BODY>`
        （本文）
    `</BODY>`
    `</HTML>`

5.21 Webサーバとサーバサイドプログラム

Web（WWW）サーバは，ネットワーク（インターネット）により接続されたクライアントコンピュータからの要求を待ち受け，要求が行われたときにHTMLで記述された情報を提供します。しかし，このままではWebサーバからクライアントへの一方向のみのコミュニケーションしか行えず，クライアントの行った反応を見て，サーバが送るデータを変化させるといったことができません。WWW上では，クライアントから送信されたデータを回収記録するアンケートシステム，クライアント側からの文字データを即座にHTMLデータとして反映させてクライアントに対して送信するチャットシステム，インターネット上で顧客の希望に合わせて商品の提案・発注を行うようなWebショッピングなどが実現されています。このようなWebサーバとクライアントの間での双方向のサービスを行うための技術の1つにCGI（Common Gateway Interface）があります。

CGIプログラムは，クライアントから送信されたデータを受け取って処理したり，Webサーバから送り出されるHTMLデータをプログラムによって動的に変化させることができます。プログラムを作成するためのプログラミング言語は各種のものが使用可能で，C，C++，Perl，PHP，シェルスクリプト言語などが用いられます。通常のHTMLデータは，ファイルに記録されたものをそのままクライアントに送信するだけですが，CGIを用いるとHTMLデータをプログラムで生成し送信することができるので，時々刻々と変化する情報を表示する即時性のあるWebページや，フォームによってクライアントから送信されたデータに基づいて画面が変化するWebページが可能となります。

● アクセスカウンタ

Webページが閲覧された回数を記録するプログラムがアクセスカウンタです。Webページを表示する際にアクセスカウンタプログラムがWebサーバ上で起動するようにしておき，サーバ内のファイルにアクセス回数を記録していくことで実現します。

● 掲示板

Webページのフォームにより入力されたメッセージをCGIプログラムで受け取ってファイルに記録すると同時に，それをもとにクライアントに返すHTMLデータを作成し，送信します。

● チャットシステム

掲示板とよく似た仕組みで実現されます。掲示板システムが定期的に自動更新されるような設定を含んだHTMLデータをクライアントに送ります。

CGIプログラムは，起動されるごとに1つのプロセスとしてメモリなどのコンピュータ資源（リソース）を使用します。CGIとは異なる仕組みで動作するサーバサイドプログラムであるJavaサーブレットは，1つのプロセスの中で，複数の処理をスレッドという単位で処理していきます。スレッドの消費するリソースは一般にプロセスよりも少なくすむためサーバへの負荷が軽く，多くのアクセスがあるWebサーバ向きの技術として，企業のWebサーバなどに使われています。

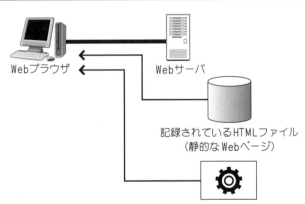

図　サーバサイドプログラムの動き

5.22 Webサービス

　従来，Web サイトでのサービスはブラウザを操作する利用者（人間）とコンピュータ（Web サーバ）間のサービスであり，クライアント側のブラウザからの入力データをサーバ側の Web アプリケーションが受け取り，処理結果をクライアントに返しブラウザが表示する，といった形式が一般的です。この場合，データのやり取りはクライアントと Web サーバ間のみで行われ，サーバでの処理結果は HTML 形式でクライアントに返されるため，データをさらに処理・加工する，といった処理を行うことは困難です。

　これに対して，コンピュータとコンピュータが直接データをやり取りする形態のサービスが Web サービスです。Web サービスでは人間の操作を介することなく，コンピュータ同士が直接情報をやり取りするため，情報伝達のスピードと量が大きく向上し，これまでになかった形でのいろいろなサービスが生まれるものと考えられます。

● SOAP

　Web サービス間での連携のためのメッセージ交換などを XML を用いて行うプロトコル（通信手順の取り決め）が **SOAP** です。ネットワーク上の Web アプリケーション間（オブジェクト間）の情報を交換し合うためのプロトコルで，他のプロトコルに結び付けて（バインディング）使用できるという利点があります。HTTP や SMTP といったインターネット上で標準的に利用されているプロトコルにバインディングして使用すれば，セキュリティのために設置されるファイアウォールを通過して通信を行うことができます

　Web サービスを相互に利用するためには，次のような3ステップが必要です。
　　1．利用したい Web サービスを検索する。
　　2．Web サービスを利用するための方法を調べる。
　　3．Web サービスを実際に利用する。

1. の機能は UDDI（Universal Description, Discovery and Integration）という仕組みによって実現されます。これは Web サービスのディレクトリ（検索）サービスであり，ディレクトリへの登録や照会も SOAP を用いて行われます。

2. は WSDL（Web Services Description Language）という言語で記述することになっています。公開されている Web サービスを利用するときには，この WSDL で記述されたデータを参照して，どのように Web サービスを利用したらよいのかを知ることができます。

このように，UDDI と WSDL によって，コンピュータが自動的に Web サービスを見つけ，利用するシステムを構築することができます。

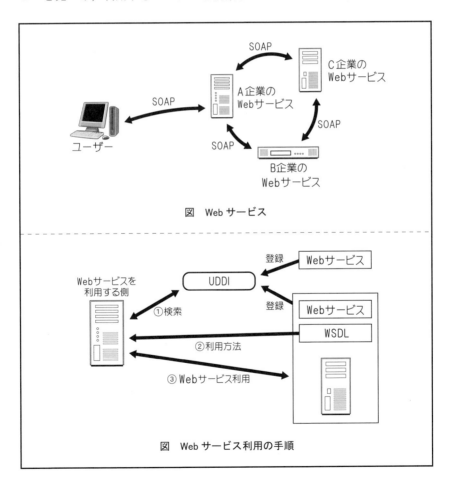

図　Web サービス

図　Web サービス利用の手順

5.23 電子メール

電子メールは，次のような手順で送信者から受信者に送り届けられます。

① 送信者のコンピュータで，文章が作成される。
② LAN に接続している場合には，その LAN にある**メールサーバ**という役割を持ったコンピュータに送られる。また，自宅などで LAN につながっていない場合には，インターネット接続サービスを行っている会社（民間プロバイダ）に公衆回線（電話回線）で接続した後，プロバイダのメールサーバに送られる。
③ メールサーバから外部のインターネットに送信され，中継されつつ受信者のメールアドレスを管理するメールサーバに届けられる。
④ メールサーバは受信した電子メールを保存し，あて名に指定されている者からメールの有無の確認要求や，メッセージの転送（**ダウンロード**）要求などがあれば，メッセージデータを送る。
⑤ ダウンロードしたあて名人は，自分のコンピュータでメッセージを読む。

電子メールには，本文以外にもいくつかの情報が記載されています。それらの中で送信者が指定するのは，

- あて先のメールアドレス（To:)
- 発信人のメールアドレス（From:)
- 主題（Subject）
- 写し（カーボンコピー）の送付先（Cc:)
- あて先人には通知されない，写しの送り先（Bcc:)

などの項目です。

これらの情報の中で，Cc:に指定されたアドレスには，To:で指定されたアドレスへのメールと同一の内容が送信され，あて先人が自分以外に同じ内容の電子メールを受け取っているのは誰であるかを知ることができます。Bcc:

に指定したアドレスにも，同一内容の電子メールが送信されます，そのことはあて先人は知ることができないようになっています。

　その他，インターネット上を中継されていく段階で，中継経路情報が付加されていきます。また，使用している文字コードの種類，使用した電子メールソフトウェアの名称など各種の情報も付加されます。

　電子メールの送り先や送信元を表すメールアドレスは，アルファベットと数字の組み合わせで表されます。このアドレスは右側から順に，

- 国（アメリカの場合は組織の種類）
- 組織の種類
- 組織の名前
- その組織のメールサーバコンピュータ名
- 区切り記号＠（アットマーク）
- メールサーバに登録されているユーザ名

となっています。

● MIME

　電子メールでは，使用する文字コードは 7 ビットで表されたものでなければなりません。ASCII コードでは各文字は 0 から 127 までの番号が割りあてられているので，8 ビット目は常に 0 となり，この条件を満たします。画像データや実行ファイルなどの ASCII コードではないデータを含むファイル（**バイナリファイル**）は，そのままでは送信できません。そのためこれらのファイルはいったんテキストファイル形式に変換（エンコード）して送信し，受信側で再び元のバイナリファイルに戻します（デコード）。この変換の方式には MIME, UUENCODE, BinHex などがあり，MIME がよく使われています。

5.24 ストリーミング

　音声や動画像などのような時間の経過にしたがって変化するデータの送受信には，文字や静止画といったデータと比べるとはるかに大きなデータ転送量が必要となります。そのためすべてのデータを受信してから再生を始めようとすると再生開始までに時間がかかってしまい，スムーズなコンテンツ再生の妨げとなってしまいます。そこでネットワークからのデータ受信と平行して，すでに受け取ったデータについては再生を行っていくという方法が**ストリーミング**の基本的な考え方です。ストリーミングの技術によって長時間の動画のようなデータサイズの大きなコンテンツであっても，データを受信するための待ち時間を気にすることなく視聴することができます。

　ストリーミングによる配信を滑らかに行うためには，特にネットワークの伝送速度と，データを再生する速度（ビットレート）との関係が重要になります。ビットレートを大きく取ってコンテンツを制作すれば，コンテンツ自体の音声や動画像が持つ品質は向上し，よりよい音質，より鮮明な映像が実現します。しかしネットワークを通じての伝送時に，回線の帯域がコンテンツのビットレートを下回ると，音声が途切れたり動画像が一時的に動きを停止するといった状況になり，制作時には高水準で作成されたコンテンツの品質が配信時には大きく低下することにもつながります。したがって，安定した再生が行える範囲で，できるだけ高いビットレートにすることが望ましいのです。

● バッファリング

　ネットワーク上には各種のデータが同時に流れるために，伝送速度は常に一定ではありません。安定したコンテンツ再生を行うために，このような変動に対して何らかの対策が必要であり，そのためにバッファリングが行われます。これはストリーミングのデータをあらかじめある程度蓄積しながら再生し，ネットワークから送られてくるデータが一時的に不足した場合にはバッファ内のデータを使用することで，コンテンツ再生に支障が出

ないようにするものです。

● オンデマンド配信とライブ配信

ストリーミングによるコンテンツ配信の方法として，「オンデマンド配信」と「ライブ配信」の2種類があります。オンデマンド配信では，音声や映像のデータをストリーミング用にエンコードしたファイルをストリーミングサーバに記録しておきます。視聴する者は任意の時点でこれらのファイルのデータをネットワークを通じてストリーミングサーバから受信，再生することができます。

ライブ配信は，ラジオやテレビ放送と同じように，ストリーミングサーバから決められたデータを決められたスケジュールで配信します。場合によっては，カメラからの映像を直接配信する場合もあり，まさに「ライブ」放送の感覚で受信することになります。

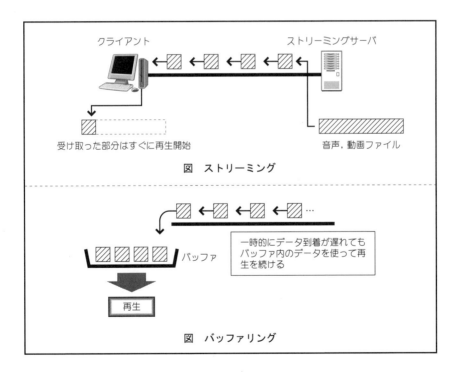

図　ストリーミング

図　バッファリング

5.25 情報セキュリティ

現代の情報化社会では情報の保護が重要な課題となっています。その背景には以下のような要因が考えられます。

- インターネットの普及
- コンピュータに関する各種情報の入手の容易さ
- 電子商取引の進展
- 行政の電子化

● **セキュリティホール**

OS やアプリケーションソフトウェアでは，特定の状況下で外部からの不正侵入を許したり，機能を停止したりする脆弱性を持っていることがあります。このような部分を**セキュリティホール**と呼びます。

● **不正アクセス**

ネットワークを通じてのものと，端末装置などを直接操作してのものがあります。これらへの対策としては，前者にはファイアウォール（後述）の設置やソフトウェアのセキュリティホール対策，後者には端末が設置されている建物や部屋への入室管理などがあげられます。

● **盗聴**

ネットワーク上を流れる情報を盗み見る行為です。無線 LAN では，電波を受信することで盗聴が比較的簡単に行えてしまいます。

● **DoS 攻撃**（Denial of Service）

特定のコンピュータに対して，大量のアクセスを行ったり大量のデータを送りつけるなどして，そのコンピュータの機能を停止させるものです。対策はコンピュータの容量に余裕を持たせるといったものしかありません。セキュリティホールに対しての DoS 攻撃が行われることもあります。

● **なりすまし**

パスワードを盗むなどしてアクセスする権限を持っている者になりすまして，システム内に侵入するものです。

● コンピュータウイルス

コンピュータ内に入ると，さらに他のコンピュータに侵入して増殖していくように作られたプログラムです。電子メールのデータに入り込んで拡がるタイプが頻繁に見られるようになってきました。電子メールの添付ファイルとして移動するタイプのウイルスが，爆発的に流行することがあります。また，Web ページを見ただけで感染したりするものや，ネットワーク上のファイル共有により感染するものがあります。

不正アクセスやなりすまし対策としては，本人であることを確認する認証手続きが重要です。認証手続きの強化には，パスワードの管理を慎重に行う，必要に応じてワンタイムパスワードや指紋，虹彩，網膜パターン，声紋などを用いたバイオメトリクス認証を利用する，などの方法が考えられます。画像認識技術の発達により顔認証が普及しています。

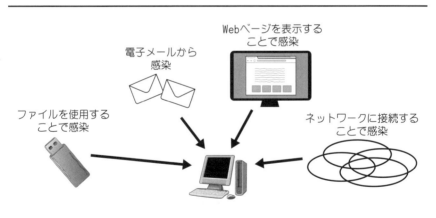

図　コンピュータウイルス侵入経路

5.26 ファイアウォール

外部からの不正アクセスといった問題に対して，内部ネットワークへの入り口に**ファイアウォール**と呼ばれる防御のための仕組みを設置します。ファイアウォールの機能は，外部ネットワークから LAN 内へのパケットや LAN 内から外部へのパケットをファイアウォール経由で送ることで，アクセスの監視，制限，ユーザ認証などを行うことができます。一部のコンピュータウイルスは，特定のポートあてのパケットを送りつけてくるものがありますが，ファイアウォールによってこのようなポートへのパケットが遮断されていれば，内部のコンピュータの安全性が高まることになります。

● プロキシ

ネットワーク内部のコンピュータの代理となって外部ネットワークへの接続を行うコンピュータを**プロキシサーバ**と呼びます。外部にアクセスする必要のあるコンピュータ（クライアント）は，プロキシサーバに要求を送ります。プロキシサーバは代理として外部へのアクセスを行い，送られてきたデータをクライアントに転送します。プロキシサーバの防御を高めておくことにより，内部のコンピュータの安全性を高めることができます。また，外部から受け取ったデータを保存しておき，再び必要になったときには，保存してあるデータを利用することでアクセスを高速化する機能も持つ場合が多いのです。

● パケットフィルタリング

ポート番号や送信元 IP アドレス，送信先 IP アドレスによってパケットの通過を制限する方法です。安全性の高いパケットのみネットワーク内部に通すことができます。ネットワーク内ではデータはパケットという単位に分けられて送られます。パケットは，データ本体以外に，そのデータの送り主や送り先のアドレス（IP アドレス）を持っています。パケットフィルタリングは，LAN の外部へのパケットや外部から LAN 内部へのパケットを常に監視し，特定のプロトコル，たとえば離れたネットワーク上のコン

ピュータを操作することのできる Telnet プロトコルのパケットを通さないようにしたり，特定の IP アドレスからのパケットを通さないように設定することができます。これによって，外部から LAN，あるいは LAN から外部へのデータの流れを規制することができます。

● NAT（Network Address Transition）
ネットワーク内のコンピュータに割りあてられている IP アドレスは，外部ネットワークとの通信を行わない限りにおいては自由に決められます。これをプライベート IP アドレスと呼びます。一方，外部ネットワークとデータのやり取りを行う必要がある場合には，プライベート IP アドレスを外部ネットワークで使用できるグローバル IP アドレスへ変換する必要があります。このようなアドレス変換を行う機能が **NAT** です。NAT を使用することで内部のコンピュータの IP アドレスを保護し，安全性を高めます。また小数のグローバル IP アドレスを有効に使用することができます。

● IP マスカレード
IP アドレスと使用するポート番号に基づいて，グローバル IP アドレスとプライベート IP アドレスの変換を行います。IP マスカレードでは，1 つのグローバル IP アドレスに対して，複数のプライベート IP アドレスへの変換を行うことができ，1 つのグローバル IP アドレスを使って，ネットワーク内の複数のコンピュータが同時に外部ネットワークへアクセスすることを可能とします。

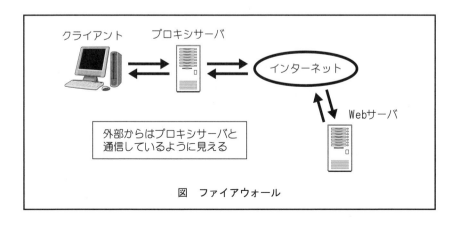

図　ファイアウォール

5.27 ネットワークの発達と通信サービス

ネットワークに関連した技術の進歩により，これまでなかったような各種の通信サービスが行われるようになっています。

● VoIP

IPプロトコルを使って構成されたネットワーク上で，音声通信を行うための技術が **VoIP** です。音声を IP パケットにする方法，音声の符号化方式，既存の電話回線網と IP ネットワークとの相互接続技術などが定められています。

インターネットを用いた場合には低コストで通信を行うことができるため，従来の電話回線から VoIP の技術を用いた IP 電話と呼ばれる低価格の電話サービスが普及しつつあります。音声パケットを滞りなく送るためには，ネットワーク接続速度にはある程度の速度が要求されます。そのため，ADSL や FTTH のような高速インターネット接続に付随するサービスとして提供される場合が多いのです。

● VPN（Virtual Private Network）

VPN は，インターネットのような共有型の通信回線を利用して複数の LAN を結び，まるで専用線によってつながれた 1 つの LAN のように使用することができる仕組みです。

企業などでは基幹業務システムに専用線を利用するのが一般的ですが，専用線のコストは高いため，インターネットを利用できればコストを下げることができます。なお，利用するネットワークがインターネットであるか，あるいは通信事業者が用意した共有型の通信網であるかによって，インターネット VPN と IP-VPN に分かれます。IP-VPN は，大企業などが利用する大規模なネットワークが対象となり，コストが高めですが，帯域幅や信頼性が高くなっています。インターネット VPN は個人や小規模の事業所でも利用が可能です。

VPN では，1 つの LAN 内から発信された IP パケットの先頭の部分には，

VPN のルータによって転送用のラベルを付加し，インターネットを通って他の LAN のルータへと送られます。相手側のルータではラベルを取り除いて LAN 内に送り出すことで，VPN で接続された LAN は，あたかも仮想的な専用ネットワークが構築されたかのような状態になります。

ひとつの LAN 内と同様の感覚でネットワークを利用するためには，セキュリティが重要になるため，暗号化などのセキュリティを高める技術が使われます。TCP/IP でのネットワーク層の暗号化を行うプロトコルとして，IPsec（IP Security Protocol）が用いられます。このプロトコルは通信相手の認証とデータの暗号化が行われます。

● オンラインストレージ

ファイルの保存は手元にあるコンピュータの記憶装置に行うという方法から，ネットワークで接続されたサーバコンピュータ内の記憶装置にファイルを転送して保存する方法もとられるようになってきました。セキュリティやバックアップがしっかりとしているストレージ用のサーバコンピュータを用いることで，安全にファイルを保管することができます。保存される文書ファイルに対して，ウイルスチェックや検索機能を提供する業者もあり，外出先からファイルを利用したり，ファイルを共有利用する場合にも便利なシステムとなっています。

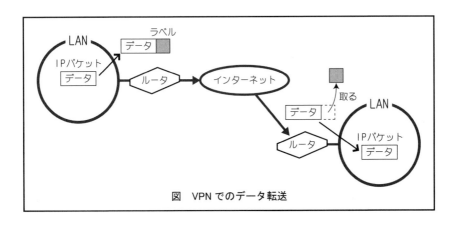

図　VPN でのデータ転送

第5章 演習問題

(1) HTTP や FTP などのインターネットでよく使われているプロトコルにはどのようなものがあり，それぞれどのようなポート番号が使われているかを調べてください。

(2) 通信途上でデータが多少欠落しても，実用上問題ないのは，どのような用途に使われるタイプのデータでしょうか。

(3) インターネットで一般的に利用されているプロトコルが使用するポート番号は何と呼ばれますか。また，実験的に作成・使用するポート番号の値はどのような範囲にするべきでしょうか。

(4) MAC アドレスは製造される制御ボードなどの製品個々に割りあてられますが，最大で何個の製品への割りあてが可能でしょうか。

(5) ネットワーク接続機器の中で，外部ネットワークからのパケットを内部に通すかどうかを選択し，セキュリティ上の働きも持つ装置は何でしょうか。

(6) LAN によく使われるケーブルはどのような種類のものでしょうか。またその種類にはどのような規格が存在するのか調べてください。

(7) ADSL サービスにおいて電話局からユーザ宅までの距離と通信速度の関係を調べてください。

(8) 近年，感染事例の多かったコンピュータウイルスにはどのようなものがあるのか調べてください。

索引

数字

2次記憶装置 28
2進数 86
2進法 86
3Dグラフィックスベンチマーク
.... 21
5G 64
8進表現 87
16進表現 87

A

A/D変換 109
AAC 111
ABS 70
ADSL 196
ADSLの構成 197
AlphaGo 157
Android OS 146
Apple Ⅱ 15
ARM 48
ARMアーキテクチャ 48
ARMプロセッサ 48
ARPANET 164
ASCIIコード 90
ATA 33
ATM 195
Atomプロセッサ 23

Availability 50
awk 136

B

B to B 72
B to C 72
BIOS 120
Bluetooth 192
Blu-ray Disc 54
BMP 115

C

C to C 72
C++言語 132
CD 52
CDMA方式 64
CISC型 22
CMS 73
Cortexプロセッサ 23
CPU 16, 18, 46
CPUの低消費電力化 23
CRC方式 102
CRT 36
CSMA/CD方式 184
CTスキャン 74
C言語 132

D

DNS 198, 199

D

DoS 攻撃 212
DRAM 24
DSL 196
DVD 53, 54

E

EEPROM 26
ENIAC 6
Ethernet 184
EUC コード 91
e コマース 72

F

FIFO 方式 141
FLOPS 21
FTTH 197

G

GIF 115
GPS 66
GPU 21
GUI 141

H

HD DVD 54
HDMI 35
HSI カラー 113
HTML 94, 202
HTTP 202
Huffman 符号化 100

I

IBM PC/AT 15

IC 9
Integrity 50
iOS 146
IoT 78
IP 166
IPv6 170
IP アドレス 170, 198
IP アドレスの構成 171
IP マスカレード 215

J

Java の基本データ型 124
Java 仮想マシン 135
Java 言語 134
JIS コード 90
JPEG 115

L

LAN 180
LIFO 92
Lightning 35
Linux 145

M

MAC アドレス 171
make ツール 138
MC6800 13
MC6809 13
microSD メモリカード 27
MIME 209
MIPS 20
MPEG 114

221

N
NAT 215
NIC 180

O
OS 120, 140, 146
OSI 166
OSI と TCP/IP の対応 167
OSI 参照モデル 166, 167

P
PBX 195
Perl..................................136
PERT 150
PROM 26

R
RAID................................ 30
RAID0.............................. 31
RAM 24
RASIS 50
Reliability 50
RISC 型 22
ROM 26

S
SD メモリカード 27
Security............................ 51
sed 136
Serial ATA........................ 33
Serviceability 50
SGML 94

SI 単位
SI 単位 84
SOAP 94, 206
SoC................................... 49
SQL 116
SRAM 24

T
TCP 166
TCP/IP.............................. 166
TCP/IP の構成 168
TCP ヘッダの構成 169
TDMA 185

U
UDDI 207
Unicode 90
UNIX................................ 144
USB 34
USB インタフェース 32

V
VBA 149
Visual Basic のデータ型 124
VoIP.................................. 216
VPN 216
VPN でのデータ転送........... 217
VRAM 112
VTR 56
VTR の記録方式 57

W
WAN 180

索引

Web サーバ 175, 204
Web サービス 94, 206
Web サイト 72
Wi-Fi 191
Windows 145
WSDL 207
WWW の技術 200

X
XML 94

Z
Z80 13
Z80 マイクロプロセッサの構成
    46

あ
相手認証 106
アウトラインフォント 112
アクセス 28
アクセスカウンタ 204
アクセス速度 28
アセンブリ言語 47
アドホックモード 191
アナログ 108, 109
アナログ信号 108
アナログ放送 68
アバカス 2
アプリケーション層 168
アプリケーションソフトウェア
    121
網型 116

誤り制御方式 102
アルテア 15
アローダイアグラム 151
アローダイアグラム作成 150
暗号 104
アンチロックブレーキシステム
    70
イーサネット 184
位相変調 177
遺伝的アルゴリズム 154
イベントドリブン方式 141
インクジェットプリンタ 42
インスタンス 130
インターネット 165
インターネット層 168
インタフェース 32
インタフェースの種類 33
インタプリタ 123
イントラネット 181
インパクト型プリンタ 42
インフラストラクチャモード 191
エイケンのマーク I 6
エージング方式 141
液晶 38
液晶電子シャッター式ゴーグル
    77
液晶表示装置の原理 39
エクストラネット 181
遠隔医療診断システム 74
遠隔保守 153

演算装置	16
エンジン制御	70
オープンソース	161
音の記録	110
音の再生	110
オブジェクト	128
オブジェクト指向	128
オブジェクト指向の特徴	130
オブジェクト指向プログラミング	128
オペレーティングシステム	120, 140
オペレーティングシステムの働き	121
オペレーティングシステムの役割	140
オンデマンド配信	211
オンライン	144
オンラインショップ	72
オンラインショップの構成例	73
オンラインストレージ	217
オンライン保守	153

か

カーネル	140, 142
カーネルの働き	142
カーネルモード	142
回線交換	178
回線リセール	194
階層型	116

過剰適合	159
画素	112
仮想記憶	142
画像処理	74
画像データの符号化	114
稼働率	50
加熱式	43
画面の走査	37
関係型	116
関係データベース	116, 117
関係表	116
関数	133
感熱記録プリンタ	42
キーボード	40
記憶装置	16
記憶装置の種類	29
記憶装置の特徴	29
機械語	122
木構造	92
技術的特異点	156
基数	86
基数変換	87
揮発性	28
基本ソフトウェア	146
キャッシュメモリ	25
キャリア方式	176
共通鍵暗号化方式	105
共通鍵暗号方式	104
共通モジュール化	152
国コード	198

クライアント 172
クライアント・サーバシステム
　　..................................172
クラス 128, 130
クラスタリング 51
クラスにおける情報隠蔽 129
クラスの継承 131
クリティカルパス 151
クロック 18
掲示板 205
継承 129, 131
継承の考え方 129
携帯電話 60
携帯電話システム 61
言語プロセッサ 120, 140
ケンドールの記法 98
コアメモリ 10
公開鍵暗号化方式 105
公開鍵暗号方式 104
交換機 195
高級言語 122
構造化 127
構造化制御文 133
構造化プログラミング 126
国際単位系 85
コンテンツマネージメント
　　システム 73
コンパイラ 122
コンピュータウイルス ...80, 213

さ

サーバ 172
サーバサイドプログラム 204
再帰的プログラム 126, 127
最遅結合時刻の算出............ 150
再入可能プログラム............ 126
作業リスト作成 150
サブネット 170
サブネット分割 171
算術論理演算ユニット 18
サンプリング 108
シェーディング 76
磁気ディスク 30
資源 140
事後保守 153
視差 77
システムの信頼性................ 50
自動運転 71
自動運転技術 79
シフト JIS コード 91
シャドウマスク 37
周波数変調 177
主記憶装置 28
出力装置 16
ジョイスティック 41
消費電力の制限 147
情報隠蔽 129
情報セキュリティ 212
情報量の理論 96
ジョブ 140

所要日数の算出	150
処理時間順位方式	141
処理能力の指標	21
シリアル	32
シリアル伝送	33
シリアル伝送方式	32
シリンダ	30
シンギュラリティ	156
人工衛星	66
人工知能	156
振幅変調	176
診療履歴管理システム	75
スイッチングハブ	183
スーパスカラ	23
スーパバイザモード	142
スケジューリング	141
スター型	182
スタイラスパッド	41
スタック	92, 93
スティビッツの計算機	6
ストリーミング	210, 211
正規表現	137
制御装置	16
制御部	18
制御プログラム	140
セキュリティ	174
セキュリティホール	174, 212
セルラ方式	60
属性	130
組織属性コード	198

組織名	198
ソフトウェアの種類	120
ソフトウェアの著作権	160
ソフトウェアの役割	120

た

ダークファイバ	195
第5世代	64
タイムシェアリング	144
ダウンロード	208
タグ	202
タスク	140
タスクの状態遷移	141
タブレット	41
段付歯車	3
蓄積交換	179
地上デジタル放送	68
チャールズ・バベッジ	4
チャットシステム	205
中央処理装置	16
著作者人格権	161
著作物	160
直交振幅変調	177
通信回線サービス	194
ディープラーニング	158
低級言語	122
データ圧縮	100, 101
データ構造	92
データサイズ	12
データの型	124

データベース	116
データベース管理システム	116
データベースシステム	116
データベースの概念	117
データベースの利用形態	117
テキスト処理言語	136
テクスチャマッピング	76
デジタル	108, 109
デジタル署名	106
デジタル信号	108
デジタル伝送	178
デジタル放送	68
手続き指向	130
デバイスドライバ	140
デバッガ	138
デファクトスタンダード	84
デュアルシステム	51
デュプレックスシステム	51
電子管	8
電子商取引	72
電子証明書	107
電子署名	106
電磁波	58
電子メール	208
伝送媒体	188, 189
伝送路のトポロジー	183
電波の多重利用	65
電波の利用	58
同軸ケーブル	188
盗聴	212
トークン	185
トークンパッシング	185
特権モード	142
ドット	112
トップレベルドメイン	198
ドメイン名	198
ドメイン名の構成	199
トラック	30
トランジスタ	8
トランスポート層	168
トロイの木馬型	81

な

なりすまし	212
荷札	186
二分木	93
二分木構造	92
ニューラルネットワーク	154, 158
入力装置	16
ニューロンの構造	155
認証	106
認証局	106
ネットワークインタフェース層	169
ノード	180

は

バージョン管理ツール	138
パースペクティブ・コレクション	76

バーチャルリアリティ 76
ハードディスク 30
ハードディスクの構造 31
バイト 88
バイナリファイル 209
パイプライン 22
ハイブリッド方式 104, 105
配列 92, 93, 125
配列型 125
バグ 138
パケット 164, 186
パケット交換 186
パケットフィルタリング 214
バスインタフェース 18
バス型 182
パスカルの計算機 2
バッファリング 210, 211
ハブ 34, 183
バベッジの解析エンジン 4
パラレル 32
パラレル伝送 33
パラレル伝送方式 32
パリティチェック方式 102
半導体メモリ 24, 26
ピエゾ効果 42
ピエゾ方式 42
光の3原色 113
光ファイバケーブル 189
ピクセル 112
ビット 88, 97

表計算ソフトウェア 148
標準化機構 84
標本化 108
ファームウェア 120
ファイアウォール 214, 215
ファイル感染型 80
ファイルシステム 140
ブートセクタ感染型 81
フールプルーフ 50
フェイルセーフ 50
フェイルソフト 50
フォッギング 76
フォノグラフ原理図 53
フォワードエンジニアリング 152
複製行為 160
復調 176
符号化 100
不正アクセス 212
プライベートIPアドレス 170
ブラウザ 200
フラッシュメモリ 26
フリーソフトウェア 161
ブルーレイディスク 54
ブレーキ制御 70
ブレーキ制御の原理 71
フレーム 186
ブロードバンド方式 176
プロキシ 214
プロキシサーバ 214
ブログ 73

プログラミング言語 122
プログラム 122
プログラム構造.................126
プログラム内蔵方式 7
プロジェクト管理.................150
プロセス 140
プロトコル 164, 166
プロファイラ 139
並列プロセッサ 22
ベースバンド方式................178
ヘッダ 186
ヘッドマウンティッド
　ディスプレイ 77
偏光 38
変調 176
ポインタ 133
ポインタ型 125
ポインティングデバイス 41
ポート番号 166, 174
ポート番号のカテゴリ 173
補数 88, 89
ホスト名 198
ホレリスのパンチカードシステム
　... 5

ま

マークアップ言語................ 94
マークアップ言語の変遷 95
マイクロプロセッサ 12, 46
マウス 40

マクロ感染型 81
マクロ言語 149
マスク ROM 26
待ち行列 98
待ち行列の公式 98
マッチする 137
マルチタスク処理............... 143
マルチパス 65
マルチホップ 193
無線 LAN 190
命令の意味 47
命令ミックス 21
メールサーバ 208
メソッド 131
メッシュネットワーク 193
メッシュネットワーク機能 .. 192
メモリアドレス 18
メモリの種類 25
メモリ容量の制限............... 147
文字コード 12, 90
モデム 176
モニタ 144

や

ユーザインタフェース 40
優先順位方式..................... 141
ユーティリティプログラム .. 140
ユビキタスコンピューティング
　.. 78
容量 28

予防保守	153
より対線	188

ら

ライプニッツの乗算機	3
ライブ配信	211
ラウンドロビン方式	141
リスト構造	92, 93
リバースエンジニアリング	152
リピータ	182
量子化	108
リング型	182

ルータ	175, 183
ルーティング	187
レーザプリンタ	43
レコード	116
レジスタ群	18

わ

ワードプロセッサ	148
割り込み	143
割り込み処理	143
ワンタイムパスワード	106

著者紹介

小松原 実（こまつばら みのる）

昭和57年　京都大学工学部卒業
昭和59年　京都大学大学院工学研究科修士課程修了
　　　　　以後，東京大学生産技術研究所勤務等を経て，
現　　在　岡山商科大学教授。
　　　　　博士(工学)(東京大学)
研究内容　情報技術を応用した教育工学，ネットワーク上での教育支援システムの開発，制御計測技術の応用システム開発など。

主な著書に，『コンピュータと情報の科学』(ムイスリ出版(株))，『科学技術と情報社会』，『ワードプロセッシングと電子メール』，『表計算処理の基礎と応用』(以上，(株)学術図書出版社)など。
研究室Webページは　http://mm1.osu.ac.jp/

2004年 2月23日	初　版	第1刷発行
2005年10月 1日	第2版	第1刷発行
2009年 2月23日	第3版	第1刷発行
2019年11月16日	第4版	第1刷発行

情報科学概論［第4版］

著　者　小松原実　©2019
発行者　橋本豪夫
発行所　ムイスリ出版株式会社

〒169-0073
東京都新宿区百人町1-12-18
Tel.03-3362-9241(代表)　Fax.03-3362-9145
振替 00110-2-102907

ISBN978-4-89641-283-3　C3055